高职高专机械类专业新形态教材

AutoCAD2019 机械绘图教程

主　编　夏志平　吴金会
副主编　段慧云
参　编　邓　锐　张鹏飞

U0179354

机 械 工 业 出 版 社

本书以 AutoCAD2019 软件简体中文版为平台，结合软件功能和应用特点，由浅入深、循序渐进地介绍了 AutoCAD2019 软件的各种绘图知识，以机械设备中常用的标准件、典型零部件为任务，详细地讲解了利用 Au-toCAD2019 软件绘制零部件的过程以及绘图技巧。

全书共分 6 个模块，包括 AutoCAD2019 基础篇、绘图准备篇、零件图绘制篇、装配图绘制篇、三维实体绘制篇和输出图形篇，每个模块分多个任务，任务内容包含 AutoCAD2019 基础知识、基本绘图命令、精确绘图工具、图形编辑命令、绘制样板图形、绘制标准件及典型零件、绘制装配图、绘制三维实体、图形的打印输出等，每个任务均讲解了绘图命令、绘图过程与技巧。本书内容丰富、结构清晰、系统性强，具有突出基础和实用两大特点。

本书配有视频学习资源，并以二维码的形式植入书中，使用手机扫码即可观看，方便读者学习。

本书可作为高等职业院校机械类、近机械类专业的 CAD 课程教材，也可作为成人高等教育等层次的相关课程教材，还可作为相关工程技术人员的学习和参考用书。

图书在版编目（CIP）数据

AutoCAD2019 机械绘图教程/夏志平，吴金会主编. —北京：机械工业出版社，2020.8（2024.1 重印）
高职高专机械类专业新形态教材
ISBN 978-7-111-66142-9

Ⅰ.①A…　Ⅱ.①夏…　②吴…　Ⅲ.①机械制图-AutoCAD 软件-高等职业教育-教材　Ⅳ.①TH126

中国版本图书馆 CIP 数据核字（2020）第 130567 号

机械工业出版社（北京市百万庄大街 22 号　邮政编码 100037）
策划编辑：王英杰　责任编辑：王英杰
责任校对：王　延　封面设计：鞠　杨
责任印制：单爱军
北京虎彩文化传播有限公司印刷
2024 年 1 月第 1 版第 6 次印刷
184mm×260mm · 16 印张 · 393 千字
标准书号：ISBN 978-7-111-66142-9
定价：49.00 元

电话服务　　　　　　　　网络服务
客服电话：010-88361066　机 工 官 网：www.cmpbook.com
　　　　　010-88379833　机 工 官 博：weibo.com/cmp1952
　　　　　010-68326294　金 书 网：www.golden-book.com
封底无防伪标均为盗版　机工教育服务网：www.cmpedu.com

前 言
FOREWORD

　　AutoCAD 软件是美国 Autodesk 公司于 1982 年开发的计算机辅助设计软件，用于二维绘图、三维绘图等，现已经成为国际上广为流行的绘图工具。AutoCAD 软件（以下简称 Auto-CAD）具有良好的用户界面，通过交互菜单或命令行方式可以进行各种操作，读者可在不断实践的过程中较好地掌握它的各种应用和开发技巧，从而不断提高工作效率。AutoCAD 具有广泛的适应性，它可以在各种操作系统支持的微型计算机和工作站上运行。

　　根据 AutoCAD2019 软件（以下简称 AutoCAD2019）简体中文版的功能和特征，并结合作者多年的教学与工程设计经验，本书从 CAD 制图技术与行业应用出发，全方位地介绍了利用 AutoCAD2019 绘制各类机械零部件的方法、流程与技巧。

　　本书采用现行《技术制图》与《机械制图》国家标准，详细讲解基本绘图命令，以齿轮泵为设计对象，采用模块化教学，结合碎片化演示视频详细讲述图形的绘制过程，各模块联系紧密，教学难度由浅入深。主要模块包括 AutoCAD2019 基础篇、绘图准备篇、零件图绘制篇、装配图绘制篇、三维实体绘制篇和输出图形篇。本书涵盖了用 AutoCAD2019 进行机械设计时涉及的主要内容。本书建议教学时数为 44 学时左右。

　　本书的主要特色如下。

　　1）无门槛，轻松入门：本书内容讲解循序渐进、通俗易懂，对每个实例的绘制步骤进行了完整的讲解。读者可边学边练，即使是零基础的新手也能一学就会。

　　2）专业的机械绘图规范：本书将 AutoCAD2019 软件操作与机械制图紧密结合，使读者在学习软件的同时，了解和掌握我国机械设计国家标准和绘图规范。

　　3）经典的教学案例：本书以绘制机械设备中常用的标准件和典型零部件为任务，详细地讲解了从平面图到零件图、装配图的绘制过程和技巧，具有典型性和实用性。

　　本书由九江职业技术学院夏志平、吴金会任主编，段慧云任副主编。本书的编写分工如下：夏志平编写了模块 1、模块 2 和附录，吴金会编写了模块 3，邓锐编写了模块 4，段慧云编写了模块 5，张鹏飞编写了模块 6。全书由夏志平、吴金会负责统稿和定稿。

　　本书经南昌航空大学王细洋教授和王菲茹副教授审定。两位专家对本书内容进行了全面、细致的审阅和精心指导。在本书的编写过程中，还得到了郭文星、罗涛、吴剑平老师的大力支持和帮助，在此一并表示衷心的感谢。

　　由于本课程的模块化教学尚处于探索和经验积累阶段，书中难免存在疏漏和不足之处，恳请专家、同仁及广大读者批评指正。

编　者

目 录
CONTENTS

AutoCAD2019基础篇

学习目标

1）掌握 AutoCAD2019 的安装方法。
2）了解 AutoCAD2019 的工作页面及相关功能与作用。
3）掌握图形文件的创建、打开与保存的方法。
4）掌握如何使用命令输入及鼠标的方法。

学习重点

1）区分功能模块，调用操作命令。
2）绘图过程中鼠标的使用。
3）AutoCAD2019 绘图环境的设置。

学习难点

1）如何创建 AutoCAD 经典工作空间。
2）AutoCAD2019 图形界限的设置。

任务 1.1 AutoCAD 概述

AutoCAD2019 是美国 Autodesk 公司推出的一个通用的计算机辅助设计（Computer-Aided Design，CAD）软件包，可以广泛地应用于各类建筑、机械制图等领域，是当前流行的优秀计算机辅助设计软件之一。

1. AutoCAD 绘图的基本功能

1）提供了多种图元。如点、直线、圆、圆弧、多边形、椭圆、圆环等。利用这些图元和 AutoCAD 的编辑功能，就可以提高绘图速度，绘制复杂图形。

2）可自动填充图案。当用户指定一定的封闭区域，指定 AutoCAD 提供的基本图案集，就可得到所需要的填充效果。

3）可在图中加入字符。如字母、数字、汉字。

4）可以自动标注尺寸。在标注状态下，选择所设定的某种尺寸类型，选择一定的实体对象，AutoCAD 就可以经过自动测量，在指定的位置注出需要的尺寸。

2. AutoCAD 对图形的编辑功能

AutoCAD 软件对图形有很强的编辑功能，如对已绘图形可以进行删除、修改、拉伸、裁剪、移动、复制、阵列等编辑。利用这些编辑功能可有效提高绘图效率和绘图质量。

3. AutoCAD 提供了辅助绘图工具

绘图时利用辅助绘图工具，能方便地捕捉图元上的一些特征点，如圆的圆心、直线的端点、中点等，使绘图更加方便、准确。

4. AutoCAD 提供多种命令的输入方式

AutoCAD 是一种人机交互式的绘图软件，它提供了多种命令的输入方法，以实现其交互式的功能。

1）通过键盘输入命令和数据，实现人与计算机对话。

2）通过界面的下拉菜单，单击命令实现人机交互。

3）利用 AutoCAD 各种快捷菜单，输入命令与计算机进行交互作用。

5. AutoCAD 提供多种图形的输出方法

1）打印机输出。可支持 10 多种型号的打印机。

2）绘图仪输出。可支持 20 多种型号的绘图仪。

6. AutoCAD 具有三维绘图功能

AutoCAD 提供了绘制图形三维实体功能，并能对所绘制的实体进行面积、重量的计算，以及并集、交集、差集等逻辑运算。

7. AutoCAD 可渲染三维图形

传统的效果图是利用水彩颜料、蜡笔、油墨、喷枪技术生成效果。在 AutoCAD 中，应用光源和材质就可将模型渲染为具有真实感的图像。

8. AutoCAD 可与外部数据库实现链接

数据库链接功能的主要作用是将外部数据与程序的图形对象进行关联。

9. AutoCAD 网上功能

为了使用户之间能够快速有效地共享设计信息，AutoCAD2019 强化了其网上功能。AutoCAD2019 用户可以在网上访问或存储 AutoCAD 图像及相关文件；可以用超链接将 AutoCAD 图形对象与其他对象建立链接关系；可以创建 Web 格式的文件（DWF），每个 DWF 文件可以包含一张或多张图样，以便用户浏览、打印 DWF 文件；还可以快速创建包含 AutoCAD 图形的 Web 网页。

10. AutoCAD 的二次开发功能

AutoCAD 是作为一个通用绘图系统而设计的，但各行各业都有自己的行业标准和专业标准，每个设计工程师和绘图人员都有自己喜欢的工作方式。为适应不同的要求，AutoCAD 提供了开放式的系统结构，允许用户根据自己的需要改进和扩充 AutoCAD 的许多功能，对 AutoCAD 进行二次开发。

任务 1.2 AutoCAD2019 的安装

本任务将讲述安装 AutoCAD2019 的方法，具体操作如下：

1. 工具准备

AutoCAD2019 安装包（32 位/64 位）。

2. 安装步骤

1）打开应用程序，如图 1-1 所示。首先解压文件，默认解压文件的地址为系统 C 盘；也可单击"更改"按钮，在 D 盘新建文件夹"Autodesk"并选择该文件夹，单击"确定"按钮后开始解压。

图 1-1　应用程序解压

2）解压完成后自动弹出安装窗口，单击"安装"按钮后开始安装，如图 1-2 所示。

3）勾选许可协议的"○我接受"并单击"下一步"按钮，如图 1-3 所示。

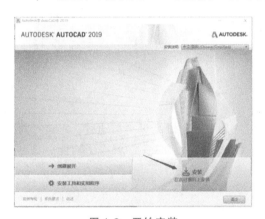

图 1-2　开始安装

图 1-3　勾选接受安装许可协议

4）选择安装程序，如果只需要主程序可将其他两项取消勾选，并将文件安装路径 C 盘更改为 D 盘，单击"安装"按钮，如图 1-4 所示。

5）安装过程需要等待几分钟时间，根据计算机运行等情况而定，耐心等待安装完成，如图 1-5 所示。

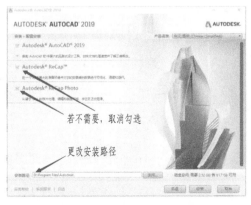

图 1-4　选择安装配置及更改安装路径

图 1-5　安装进程

6）安装完成后单击"完成"按钮，自动退出安装流程，如图1-6所示。

图1-6　安装完成

任务1.3　AutoCAD2019 简介

1-1　AutoCAD2019
工作界面介绍

1.3.1　AutoCAD2019 新增功能简介

AutoCAD2019 相比之前版本，增加和拓展了许多新功能，提高了绘图速度，组合了行业专业化工具，改进了桌面，新应用实现了跨设备工作流，以及 DWG 比较等新功能，其新增功能主要体现在以下几方面：

1. DWG 比较

比较和记录两个版本的图形或外部参照之间的差异。

2. 保存到各种设备

保存桌面的图形，以便在 AutoCAD 新应用上进行查看和编辑。

3. 二维图形

体验以两倍速度进行缩放、平移以及更改绘制顺序和图层特性。

4. 共享视图

在浏览器中发布图形的设计视图，以便对其进行查看和添加注释。

5. AutoCAD 新应用

通过各种设备上的浏览器创建、编辑、查看和共享 CAD 图形。

6. AutoCAD 移动应用

在移动设备上查看、创建、编辑和共享 CAD 图形。

7. 用户界面

借助新增的平面设计图标和 4K 增强功能体验改进的视觉效果。

8. PDF 导入

从 PDF 将几何体（包括 SHX 字体文件）、填充、光栅图像和 TrueType 文字导入到图形。

1.3.2　AutoCAD2019 工作界面

本节将介绍如何启动 AutoCAD2019 应用程序，以及 AutoCAD2019 系统的工作界面。

1.3.2.1 AutoCAD2019 工作空间

1. AutoCAD2019 的启动

AutoCAD2019 的启动有以下四种方法：

1）双击桌面上的 AutoCAD2019 的快捷图标。

2）右击 AutoCAD2019 的快捷图标，选择快捷菜单中的"打开"命令。

3）选择"开始"→"程序"→"AutoCAD2019-简体中文（Simplified Chinese）"。

4）双击已有的 AutoCAD 图形文件。

2. AutoCAD2019 默认的工作界面

启动 AutoCAD2019 后，进入其默认的工作界面，该工作界面主要包括快速访问工具栏、标题栏、选项卡、功能区、绘图区、命令行、状态栏等，如图 1-7 所示。

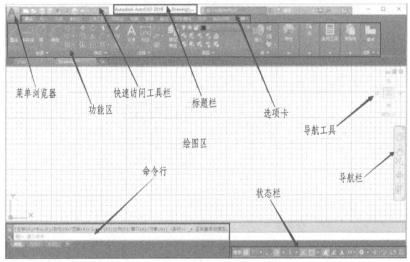

图 1-7 AutoCAD2019 默认工作界面

AutoCAD2019 默认有草图与注释、三维基础、三维建模等工作空间，不含 AutoCAD 经典模式工作空间。

> 注：工作空间的显示与取消：单击快速访问工具栏的按钮，系统自动弹出下拉菜单，单击选择或取消"工作空间"，如图 1-8 所示。

单击"工作空间"下拉列表或单击界面右下角的"切换工作空间"按钮，选择适用的工作空间，如图 1-9 所示。

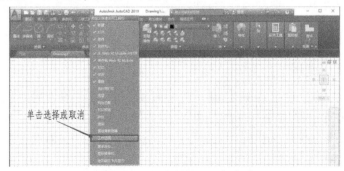

图 1-8 工作空间的显示与取消

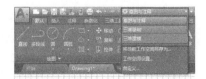

图 1-9 AutoCAD2019 的工作空间

3. AutoCAD2019 的经典模式

随着 CAD 版本的不断升级，它的功能越来越强大，使用也越来越人性化。对于习惯经典模式的用户，总是怀念它，下面将介绍如何创建 Auto-CAD2019 的经典模式，具体步骤如下：

1-2 创建
经典模式

1）单击快速访问工具栏的按钮 ，系统自动弹出下拉菜单，如图 1-10a 所示，单击"显示菜单栏"，结果工作界面显示了菜单栏，如图 1-10b 所示。

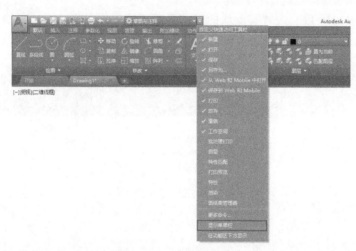

a)

b)

图 1-10　显示菜单栏

2）关闭功能区。单击菜单栏"工具"，选择"选项板"，单击"功能区（B）"，关闭功能区，如图 1-11 所示。

3）勾选工具条。打开"工具"菜单→"工具栏"→"AutoCAD"，勾选"标准""样式""图层""特性""绘图""修改"等，如图 1-12 所示。

4）单击界面右下角的"切换工作空间"按钮 ，单击如图 1-13 所示的"将当前工作空间另存为"，弹出如图 1-14 所示的"保存工作空间"对话框，输入"AutoCAD 经典"，单击"保存"按钮，快速访问工具栏工作空间增加了"AutoCAD 经典"，如图 1-15 所示。

图 1-11 关闭功能区

图1-12 选择工具条

图 1-13 勾选"将当前工作空间另存为"

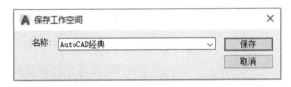

图 1-14 "保存工作空间"对话框

1.3.2.2 AutoCAD2019 界面简介

1. 菜单浏览器

"菜单浏览器"按钮 位于界面左上角,单击此按钮,将弹出 AutoCAD 菜单,如图 1-16 所示。该菜单中包含 AutoCAD2019 图形文件基本操作全部命令,用户选择命令后即可执行相应操作。

图 1-15 AutoCAD 经典界面

图 1-16 菜单浏览器

2. 快速访问工具栏

快速访问工具栏位于 AutoCAD2019 工作界面的左上方，包括"新建""打开""保存""另存为""打印""放弃""重做"和"工作空间"等几个最常用的工具，如图 1-17 所示。快速访问工具栏能够帮助用户快速进行一些 AutoCAD 的基础操作。

图 1-17　快速访问工具栏

3. 标题栏

标题栏位于 AutoCAD2019 工作界面的最上端，它显示用户正在使用的图形文件。当用户第一次启动 AutoCAD2019 时，在绘图窗口的标题栏中将显示创建并打开的图形文件名称 Drawing1.dwg，如图 1-18 所示。

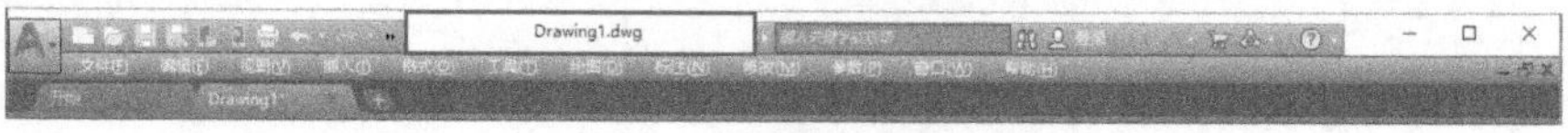

图 1-18　AutoCAD 标题栏

4. 菜单栏

菜单栏位于标题栏的下方，同其他 Windows 程序一样，AutoCAD2019 的菜单也是下拉形式的，并在菜单中包含子菜单。默认情况下没有显示出菜单栏，可通过单击工作空间右边的按钮 ，在弹出的列表中选择"显示菜单栏"命令，就可以将菜单栏显示出来，Auto-CAD2019 的菜单栏包括"文件""编辑""视图""插入"等，如图 1-19 所示。

图 1-19　AutoCAD 菜单栏

各项菜单的主要功能如下：

1)"文件"菜单：用于图形文件的管理。

2)"编辑"菜单：用于对图形文件进行常规的编辑操作。

3)"视图"菜单：用于管理操作界面菜单中的各项命令。

4)"插入"菜单：用于在当前 CAD 绘图状态下，插入所需的块或其他格式的文件。

5)"格式"菜单：用于设置与绘图有关的参数。

6)"工具"菜单：用于设置一些辅助绘图的工具。

7)"绘图"菜单：用于对二维和三维图形进行绘制操作。

8)"标注"菜单：对用户所绘制的图形进行尺寸标注。

9)"修改"菜单：对当前所绘制图形进行复制、旋转、平移等编辑操作。

10)"参数"菜单：使用约束进行设计，应用于二维几何图形的关联和限制。

11)"窗口"菜单：对同时打开的多个图形窗口的层叠、平铺、切换等操作。

12)"帮助"菜单：用于提供用户在使用 AutoCAD2019 时所需的帮助。

5. 工具栏

在"AutoCAD 经典"工作空间操作界面中，默认情况下绘图区的顶部有"标准""样式""特性""图层"等工具栏（图 1-20），以及绘图区左侧的"绘图"工具栏和右侧的"修改"工具栏（图 1-21）。

工具栏可以以浮动的方式显示，也可以以固定的方式显示。浮动工具栏可以显示在绘图

图1-20 "标准""样式""特性""图层" 工具栏

图1-21 "绘图""修改" 工具栏

区的任意位置，可被拖动至新位置，也可调整大小或被固定。而固定工具栏则附着在绘图区的任意边上，在绘图区上边界的固定工具栏位于功能区下方。

显示或隐藏工具栏的方法如下：

1）功能区："视图" 选项卡→"用户界面" 面板→"工具栏"→"AutoCAD"。

2）菜单栏："工具"→"工具栏"→"AutoCAD" 命令。

3）快捷菜单：在任何工具栏上右击，然后从弹出的快捷菜单中选择相应的工具栏。

6. 绘图区

绘图区位于界面的正中央，是被命令行和工具栏包围的整个区域，如图1-22所示。默认状态下的绘图区是一个无限大的栅格屏幕，无论多么大或多么小的图样，均可在绘图区绘制和显示。绘图区有十字光标⊖、坐标系、ViewCube 导航工具、导航栏和视口控件等工具元素。

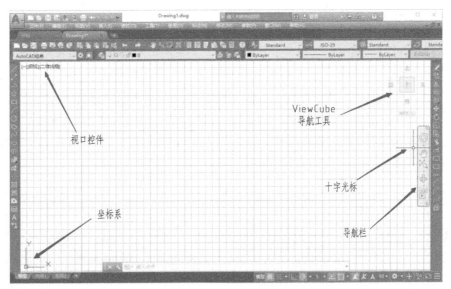

图1-22 绘图区

（1）视口控件 显示在每个视口的左上角，提供更改视图、视觉样式和其他设置的便捷方式。

⊖ 本书中的"十字光标"为业界习惯称呼，即为十字形指针。

➤ 单击 "-" 号可显示选项，用于最大化视口、更改视口配置或控制导航工具的显示。

➤ 单击 "俯视" 以在几个标准和自定义视图之间选择。

➤ 单击 "二维线框" 来选择一种视觉样式。大多数其他视觉样式用于三维可视化。

（2）ViewCube 导航工具　用户在二维模型空间或三维视觉样式中处理图形时显示的导航工具。通过 ViewCube，用户可以在标准视图和等轴测视图间切换。

ViewCube 以不活动状态或活动状态显示，当处于非活动状态时，即默认情况下它会显示为部分透明，避免遮挡模型中的视图；当处于活动状态时，它是不透明的，可能会遮挡模型当前视图中的对象视图。除可以控制 ViewCube 在处于非活动状态的不透明级别外，还可以控制 ViewCube 的以下特性：大小、位置、UCS 菜单的显示、默认方向、指南针显示。

指南针显示在 ViewCube 导航工具的下方，用于指示为模型定义的北。可以单击指南针上的方向字母以旋转模型，也可以单击并拖动其中一个方向字母或指南针圆环以互交方式围绕轴心旋转模型。

（3）导航栏　用户可以从导航栏中访问通用导航工具和特定于产品的导航工具。在图纸空间中，只有二维导航工具（如二维 SteeringWheel、平移、缩放）可以访问。通过在导航栏上右击并在弹出的快捷菜单中选择 "从导航栏中删除" 命令，也可以隐藏任何工具。

（4）坐标系　AutoCAD2019 默认的坐标系为世界坐标系，世界坐标系是固定的坐标系，其 X 轴是横轴，Y 轴是纵轴，原点为图形界限左下角 X、Y 轴的交点（0，0）。

（5）十字光标　默认状态下绘图区的十字光标比较小，有时为了绘图的方便，需要将光标放大或缩小，具体如何设置，详见 "1.4.2.3 设置选项参数"

7. 命令行窗口

命令行窗口是输入命令名和显示命令提示的区域，默认的命令行窗口布置在绘图区下方，如图 1-23 所示。拖动命令行的分隔边框可改变命令行的大小，使其显示多余三行或少于三行的信息，还可以将命令行拖移至其他位置，使其由固定状态变为浮动状态，此时可调整其宽度。AutoCAD 通过命令行窗口反馈各种信息，包括出错信息，因此，时刻关注在命令行窗口中出现的信息是有必要的。

在命令行提示区域的左侧，单击 "自定义" 按钮 🔧，弹出如图 1-24 所示的 "自定义" 命令，可对命令行进行相应的命令设置，如设置命令行窗口透明度，设置要显示的临时提示历史记录的行数等。

图 1-23　命令行窗口

图 1-24　"自定义" 命令

注：单击 "关闭" 按钮 ❌，则关闭命令行窗口，要再次显示命令行窗口，按〈Ctrl+9〉键。

8. 状态栏

状态栏位于操作界面的右下方，显示光标位置、绘图工具以及会影响绘图环境的工具等，如图 1-25 所示。

图 1-25　状态栏

状态栏提供对某些最常用的绘图工具的快速访问，根据需要单击"自定义"按钮，弹出如图 1-26 所示的状态栏菜单，可以选择状态栏工具的显示，如坐标、栅格、捕捉模式、动态输入、正交模式、极轴追踪、对象捕捉追踪等。

9. 功能区

功能区只出现在"草图与注释""三维建模""三维基础"工作空间中，在标题栏的下方，每个选项卡都包含若干个面板，每个面板又包含了许多的命令按钮，如图 1-27 所示。

连续单击选项卡右侧的按钮，即可在"最小化为选项卡""最小化为面板标题""最小化为面板按钮"选项卡之间切换，以便更改区域的显示样式。

图 1-26　状态栏菜单

图 1-27　功能区选项卡和面板

> 注：有的面板中没有足够的空间显示所有的按钮，在使用时可以单击该面板下方的带三角的按钮，展开折叠区域，显示其他相关的命令按钮。如果某个命令按钮后面有三角按钮，则表明该按钮下面还有其他的命令按钮，单击该三角按钮，将弹出折叠区的命令按钮。

打开或关闭功能区的操作方式如下：

1）菜单栏："工具"→"选项板"→"功能区"命令。

2）命令行：RIBBON 或 RIBBONCLOSE。

1.3.3　AutoCAD2019 图形文件管理

本节将介绍图形文件管理的基础操作知识，包括新建文件、打开已有文件、保存文件、删除文件等。

1. 建立新文件

启动 AutoCAD2019 后，系统自动显示默认界面，如图 1-28 所示。

若用户想创建一个新的绘图文件，则需要调用"新建"命令。执行"新建"主要有以下几种方式。

1）快速访问工具栏：单击"新建"按钮。

2）"标准"工具栏：单击"新建"按钮。

3）菜单栏："文件"→"新建"命令。

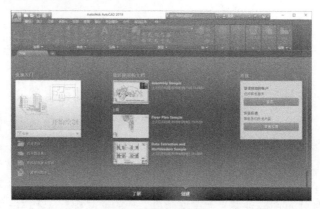

图 1-28　默认界面

4）命令行：NEW 或 QNEW（〈Ctrl+N〉快捷键）。

执行"新建"命令后，系统弹出如图 1-29 所示的"选择样板"对话框，在"文件类型"下拉列表框中有 3 种扩展名：图形样板（∗.dwt）、图形（∗.dwg）、标准（∗.dws），选择某个具体的样板文件后，此时在右侧的"预览"区域将显示出该样板的预览图形。然后单击"打开"按钮，即可利用样板创建一个新的空白文件，进入 AutoCAD 默认设置的操作界面。

另外，AutoCAD 为用户提供了"无样板"方式创建文件的功能，具体操作就是在"选择样板"对话框中，单击"打开"按钮右侧的小箭头，弹出如图 1-30 所示的下拉菜单，在其中选择"无样板打开-公制"命令，即可快速创建一个公制单位的无样板的绘图新文件。

图 1-29　"选择样板"对话框

图 1-30　"打开"下拉菜单

2. 打开文件

当用户需要查看、使用或编辑已经存盘的图形文件时，可以通过以下几种方法打开一个 AutoCAD 文件。

1）快速访问工具栏：单击"打开"按钮🗁。

2）"标准"工具栏：单击"打开"按钮🗁。

3）菜单栏："文件"→"打开"命令。

4）命令行：OPEN（〈Ctrl+O〉快捷键）。

执行"打开"命令后，系统弹出如图 1-31 所示的"选择文件"对话框，在"文件类型"

下拉列表框中可以选择图形（＊.dwg）、标准
（＊.dws）、DXF（＊.dxf）、图形样板
（＊.dwt）格式文件。其中，＊.dxf 文件是用
文本形式存储的图形文件，能够被其他程序
读取，许多第三方应用软件都支持 dxf 格式。

图 1-31 "选择文件"对话框

3. 保存图形文件

用户可以通过以下几种方式，将所绘图
形以 AutoCAD 文件形式保存，方便以后对图
形文件进行查看、使用、修改等操作。

1）快速访问工具栏：单击"保存"按
钮 。

2）"标准"工具栏：单击"保存"按钮 。

3）菜单栏："文件"→"保存"命令。

4）命令行：SAVE 或 QSAVE（〈Ctrl+S〉快捷键）。

执行"保存"命令后，若文件已命名，则 AutoCAD 自动保存；若文件未命名（即为默
认名 Drawing1.dwg），则系统弹出如
图 1-32 所示的"图形另存为"对话框，
用户可以对其命名保存。在"保存于"
下拉列表中可以指定保存文件的路径，
在"文件类型"下拉列表中可以指定保
存文件的类型。

另外，在对话框中选择"工具"→
"安全选项"命令，可实现文件的加密
保存。

当用户在已存盘的图形基础上进行
了其他修改工作，又不想覆盖原来图形
文件时，可以使用"另存为"命令，将

图 1-32 "图形另存为"对话框

修改的图形文件以不同的路径或不同文件名保存，调用另存图形文件命令的方法主要有以下
几种。

1）快速访问工具栏：单击"另存为"按钮 。

2）菜单栏："菜单浏览器"（或"文件"）→"另存为"命令。

3）命令行：SAVEAS（〈Ctrl+Shift+S〉快捷键）。

4. 清理文件

有时为了减少文件所占的存储空间，将一些长期无用垃圾资源（如图层、样式、图块）
用"清理"命令清理掉，执行清理命令的主要方式有以下几种。

1）菜单栏："文件"→"图形实用工具"→"清理"命令。

2）命令行：PURGE 或 PU。

激活"清理"命令后，系统将打开如图 1-33 所示的"清理"对话框，可删除图形中未

使用的项目，如标注样式和文字样式等。

5. 退出 AutoCAD2019

退出 AutoCAD2019 与退出 AutoCAD2019 图形文件是不同的，退出 AutoCAD2019 将会退出所有的图形文件，而不会关闭软件。退出 AutoCAD2019 图形文件，可以单独关闭某图形文件。

退出 AutoCAD2019 程序，用户可选择以下几种方法。

1）单击 AutoCAD2019 操作界面右上角的"关闭"按钮 ✖ 。

2）菜单栏："文件"→"退出"命令。

3）单击"菜单浏览器"按钮 Ａ，再单击"退出 AutoCAD2019"按钮 退出 Autodesk AutoCAD 2019 。

4）命令行：QUIT（〈Ctrl+Q〉快捷键）。

执行"退出"命令后，若用户对图形所做的修改尚未保存，则会出现如图 1-34 所示的系统警告对话框。单击"是"按钮系统将保存文件，然后退出；单击"否"按钮系统将不保存文件；若用户对图形所做的修改已经保存，则直接退出。

图 1-33 "清理"对话框

图 1-34 系统警告对话框

任务 1.4 AutoCAD2019 绘图基础

在 AutoCAD 中，基本的输入操作方法是进行 AutoCAD 绘图的必备知识基础，也是深入学习 AutoCAD 功能的前提。

1.4.1 AutoCAD2019 基本操作

1. AutoCAD2019 命令的输入

AutoCAD 交互绘图必须输入必要的指令和参数，大部分的绘图、编辑操作都可以通过 AutoCAD 的"命令"来完成，AutoCAD2019 命令输入有以下几种方式。

（1）命令行输入命令　在"命令行"提示下，可以通过键盘输入命令名（命令字符可不区分大小写）或命令缩写，并按〈Enter〉键或〈Space〉键（空格键）确定；还能够用键盘上的（↑）或（↓）方向键显示输入过的命令，并选择要执行的命令；也可以单击命令行左端的"最近使用的命令"按钮 或在命令行打开右键快捷菜单，从中选择最近使用的命令，重新执行。

（2）工具栏或功能区命令按钮　绘图界面上的"工具栏"和"功能区"由表示各命令的按钮组成。单击"工具栏"或"功能区"中的按钮可以调用相应的命令，并根据对话框中的选项或命令行的命令提示执行该命令。

（3）菜单栏下拉命令按钮　在 AutoCAD2019 中，可以从菜单栏中调用几乎所有的命令选项。另外，还可单击鼠标右键从系统弹出的快捷菜单中选择命令选项。

（4）功能键和快捷键　键盘上的功能键（F1～F12）控制经常打开和关闭的设置。

在绘图的过程中，若要撤销一个正在执行的 AutoCAD 命令，可按〈Esc〉键以终止正在执行的命令，重新返回到等待接受命令的状态。

2. 绘图过程中鼠标的使用

鼠标是 AutoCAD 中最重要的输入设备，没有鼠标则无法在 AutoCAD 中进行操作；有了鼠标，则可以提高绘图效率。鼠标的左键、右键和中间滚轮在绘图过程中分别实现不同的功能。

（1）左键　鼠标左键通常用于指定位置、指定编辑对象、选择菜单选项、选择对话框按钮和字段。输入执行命令前，在绘图区鼠标指针呈"╋"形状，即我们常说的 AutoCAD 的十字光标，可在屏幕不同区域上移动，其形状也会相应地发生变化，如将其移至菜单命令、工具栏或对话框时，它会变成一个箭头。另外，鼠标指针的形状也会随着执行命令的不同而变化，如执行命令时，在绘图区通常显示为"+"；当命令行提示选择对象时，则显示为一个小方框"□"。

> **注：** 十字光标、拾取框等大小可通过单击菜单栏"工具"，单击"选项"，在"选项"对话框设定相关参数。

（2）右键　鼠标右键用于结束正在执行的命令、显示快捷菜单、显示"对象捕捉"菜单。其中右键单击功能修改方法是选择"工具"→"选项"命令，在"选项"对话框的"用户系统配置"选项卡中，单击"自定义右键单击"按钮，系统弹出如图 1-35 所示的"自定义右键单击"对话框。

（3）滚轮　滚动鼠标滚轮可以执行放大及缩小视图窗口中的图形。按下鼠标滚轮不放，鼠标显示为手形，执行平移命令。双击鼠标滚轮可使视图窗口中的图形居中最大化。当系统变量"MBUTTONPAN"设定为 0 时，单击滚轮按钮显示"对象捕捉"菜单。

1.4.2 AutoCAD2019 绘图环境设置

使用 AutoCAD2019 的默认配置就可以绘图，但为了使用用户的定点设备或打印机，以及提高绘图效率，AutoCAD 推荐用户在开

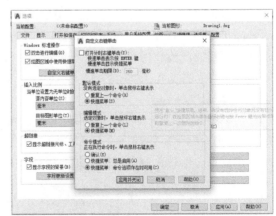

图 1-35 "自定义右键单击"对话框

始绘图前先进行必要的配置。

1.4.2.1 设置图形单位

用户在使用 AutoCAD 绘制图形时，创建的所有图形对象都是根据图形单位进行测量的，因此在开始绘图前，要根据所绘制的图形确定一个图形单位所代表的实际大小。

1．命令启用

1）菜单栏："格式"→"单位"命令。

2）单击"菜单浏览器"按钮 →"图形实用工具 "→"单位"命令。

3）命令行：DDUITS 或 UNITS。

执行该命令后，系统打开如图 1-36 所示的"图形单位"对话框。

2．参数说明

➢"长度"：指定测量的当前单位及当前单位的精度，系统默认的是"小数"类型，精度可根据产品的要求设定。

图 1-36 "图形单位"对话框

➢"角度"：指定当前角度格式和当前角度显示的精度。勾选"顺时针"复选框，表示角度测量的正方向为顺时针，系统默认逆时针为正角度方向。

➢"插入时的缩放单位"："用于缩放插入内容的单位"下拉列表框用于控制插入到当前图形中的块和图形的测量单位。

➢"输出样例"：显示用当前单位和角度设置的例子。

➢"光源"："用于指定光源强度的单位"下拉列表框用于控制当前图形中光度控制的光源的强度测量单位，有国际和美国两种可供选择。

➢"方向"按钮：定义基准角度的方向，即定义 0 角度的位置。单击该按钮，系统弹出"方向控制"对话框，如图 1-37 所示。

1.4.2.2 设置图形界限

"图形界限"相当于手工绘图时图纸的绘图区域。其目的是满足不同范围的图形在有限的绘图窗口中恰当显示，

图 1-37 "方向控制"对话框

以方便视窗的调整和用户的观察、编辑等。在世界坐标系下，图形界限由一对二维点确定，即左下角点和右上角点。

1．命令启用

1）菜单栏："格式"→"图形界限"命令。

2）命令行：LIMITS。

执行该命令后，命令行提示如下信息：

1-3 设置图
形界限

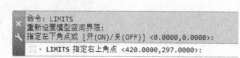

2. 使用说明

根据系统提示输入图形边界左下角的坐标（0，0），再输入图形边界右上角的坐标（420，297）。完成后，单击状态栏"栅格"按钮▦，单击鼠标右键选择网格设置，取消"显示超出界限的栅格"的勾选，然后单击"确定"按钮，如图1-38所示。双击鼠标滚轮，可看到栅格线（或点）充满由对角点（0，0）和（420，297）构成的矩形区域，如图1-39所示。（注：输入坐标时，请以英文输入法输入标点符号，否则坐标无效。）

图 1-38　网格设置

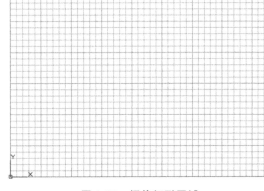

图 1-39　栅格矩形区域

> 开（ON）：使绘图边界有效。在绘图边界以外无法拾取点。

> 关（OFF）：使绘图边界无效（默认项），可以在绘图边界以外绘制对象或拾取点、实体。

1.4.2.3　设置选项参数

在 AutoCAD 中，用户可根据个人使用习惯对一些参数进行必要的设置，以提高绘图效率。

1. 命令启用

1）菜单栏："工具"→"选项"命令。

2）单击"菜单浏览器"按钮▲→"选项"按钮 选项。

3）快捷菜单：在命令行窗口或绘图区单击鼠标右键，选择"选项"命令。

4）命令行：OPTIONS。

执行该命令后，系统弹出"选项"对话框。

2. 选项卡说明

用户可以在"选项"对话框中选择有关选项，对系统进行配置，下面对几个主要的选项进行说明。

（1）"文件"选项卡　"文件"选项卡中列出了程序在其中搜索支持文件、驱动程序文件、自动保存文件、菜单文件等路径位置，还列出了用户定义的可选设置，如图1-40所示。

（2）"显示"选项卡　用于用户自定义显示 AutoCAD 窗口，如图1-41所示。

> "窗口元素"区域用于控制绘图环境特有的显示设置，包括在图形窗口中显示滚动条、在工具栏中使用大按钮、显示工具提示（如在工具提示中显示快捷键等）、对窗口中元

图 1-40 "文件"选项卡

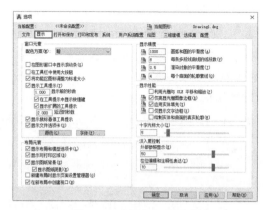

图 1-41 "显示"选项卡

素的颜色进行设置、设置命令行窗口中文字字体等内容。

➤"布局元素"区域用于控制现有布局和新布局，是指一个图纸空间环境，用户在其中设置图形进行打印。

➤"显示精度"区域用于控制对象的显示质量。如果设置较高的值以提高显示质量，则性能将受到影响。（注：在设置实体显示分辨率时，显示质量越高，分辨率越高，计算机计算的时间越长。因此，合理设定显示精度非常重要。）

➤"十字光标大小"区域的设置用于控制十字光标的大小，系统默认尺寸为 5%。十字光标的大小可以通过在左边的文本框中输入参数值（1%~100%）来设置，也可以拖动右边的滑块来调整。

（3）"打开和保存"选项卡　用于设置保存文件格式、文件安全措施以及外部参照文件加载方式等，如图 1-42 所示。其中使用最多的是"文件安全措施"区域，主要用于设定自动保存的时间间隔，以避免数据丢失及检测错误。

（4）"打印和发布"选项卡　用于设置 AutoCAD 默认的打印输出设备及常规打印选项等，如图 1-43 所示。

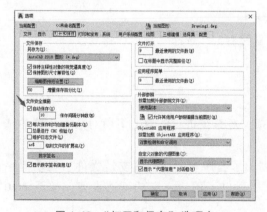

图 1-42 "打开和保存"选项卡

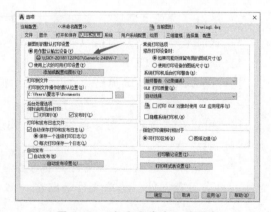

图 1-43 "打印和发布"选项卡

（5）"用户系统配置"选项卡　用于设置是否使用快捷菜单、插入对象比例以及坐标数据输入的优先级等，如图 1-44 所示。

➤ "Windows 标准操作"：用于控制单击鼠标左键、右键的操作。

➤ "插入比例"：用于控制在图形中插入块和图形时使用的默认比例。

➤ "字段"：用于设置与字段相关的系统配置。

➤ "坐标数据输入的优先级"：用于控制程序响应坐标数据输入的方式。

➤ "关联标注"：用于控制是创建新的关联标注对象还是创建传统的关联标注对象。

（6）"绘图"选项卡　用于设置自动捕捉、自动捕捉标记的颜色、大小以及靶框大小等，如图 1-45 所示。

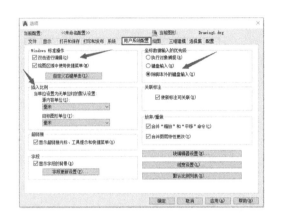

图 1-44　"用户系统配置"选项卡

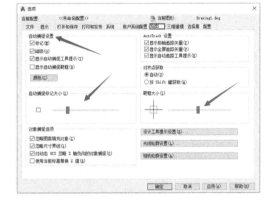

图 1-45　"绘图"选项卡

（7）"三维建模"选项卡　用于设置在三维建模环境中十字光标、在视图窗口中的显示工具及三维对象的显示等。

（8）"选择集"选项卡　用于设置选择集模式、拾取框大小以及夹点的大小、显示等，如图 1-46 所示。

（9）"配置"选项卡　用于系统配置文件的创建、重命名、删除及重置等操作，其中重置使用的频率较高，如图 1-47 所示。

图 1-46　"选择集"选项卡

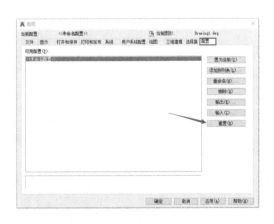

图 1-47　"配置"选项卡

任务1.5 练 习 题

1. 设置绘图区域背景颜色。
2. 设置 A4 区域图形界限。
3. 调节靶框大小、自动捕捉标记大小等，并观察其变化。

绘图准备篇

学习目标

1）掌握基本绘图命令的使用方法。
2）掌握图形编辑命令的使用方法。
3）掌握图层的设置和使用方法。
4）掌握样板文件的建立方法。

学习重点

1）绘图和编辑命令。
2）图层的设置和使用。
3）标注样式的设置。

学习难点

1）文字样式的设置。
2）标注样式的设置。
3）表面粗糙度块的创建。

任务 2.1 基本绘图命令

2.1.1 点对象

点是构成图形的基本元素，在 AutoCAD 中点的位置由 X 轴、Y 轴和 Z 轴坐标的值来确定，主要用于定位，如标注孔、轴中心的位置等。但为了能在图样上突显点的位置，常设置不同的显示样式（特定的符号）来表示。点对象有单点、多点、定数等分和定距等分，如图 2-1 所示。

图 2-1 点对象

2.1.1.1 设置点样式

系统默认的点样式为".",为适应用户多方面的需要,AutoCAD 提供了除"."以外的其他许多样式。

1. 命令启用

1)功能区:"默认"选项卡→"实用工具"面板→"点样式"按钮 点样式... 。

2)菜单栏:"格式"→"点样式"命令。

3)命令行:DDPTYPE。

2. 操作应用

执行命令后,系统弹出"点样式"对话框,如图 2-2 所示。

1)"点样式":单击图形按钮设置不同的点样式。

2)"点大小":输入数字即可设置所显示点的大小。

3)"相对于屏幕设置大小":表示按屏幕尺寸的百分比设置点的大小,当进行缩放时,点的大小并不改变。

4)"按绝对单位设置大小":表示按"点大小"文本框中指定的实际单位设置点的显示大小,当进行缩放时,显示的点大小随之改变。

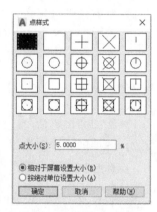

图 2-2 "点样式"对话框

> **注**:点的样式和大小分别储存在系统变量 PDMODE 和 PDSIZE 中,用户可通过执行这两个命令设置系统变量的值来设置点的样式和大小。

2.1.1.2 绘制单点

1. 命令启用

1)菜单栏:"绘图"→"点"→"单点"命令。

2)命令行:POINT。

2. 操作应用

1)执行命令后,命令行将会提示:

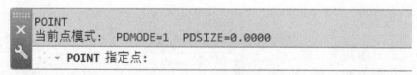

2)按照命令行提示,指定点的位置,绘制所需要的点。

2.1.1.3 绘制多点

启用一次命令可连续绘制多个点,直到按〈Esc〉键结束命令为止。

1. 命令启用

1)功能区:"默认"选项卡→"绘图"面板→"多点"按钮 。

2)菜单栏:"绘图"→"点"→"多点"命令。

2. 操作应用

1)执行命令后,命令行将提示如下信息:

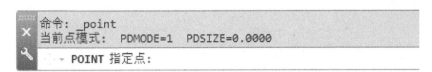

2）在该提示下依次确定各点的位置，系统就会在这些位置上绘制出相应的点，按〈Esc〉键结束点的绘制。

2.1.1.4 绘制定数等分点

在指定的对象上绘制等分点或在等分点处插入块，而且系统会自动计算每段的长度。

1. 命令启用

1）功能区："默认"选项卡→"绘图"面板→"定数等分"按钮 。

2）菜单栏："绘图"→"点"→"定数等分"命令。

3）命令行：DIVIDE。

2. 操作应用

1）执行命令后，命令行将提示如下信息：

命令：DIVIDE

DIVIDE 选择要定数等分的对象：

2）根据提示选择要定数等分的对象后，命令行将提示如下信息：

DIVIDE 输入线段数目或 [块(B)]：

① 若直接在命令行中输入等分数，系统将自动在指定的对象上绘出等分点，并在等分处做点的标记，如图2-3所示。

> 注：点的标记样式可通过"点样式"命令设置来实现。系统默认点样式为"."，执行等分点命令后，用户可能会看不见插入的点，与线条重合在一起，显示不出来。

② 若选择以块的形式等分显示或等分插入特定标志，输入"b"，按〈Enter〉键或〈Space〉键，输入要插入的块名（注：插入块之前须创建好块，其创建流程见后续任务讲解），确定插入块时是否校准，最后再输入等分数，结果按给定的等分数等分指定的对象，并在每个等分点处插入该块，如图2-4所示。命令行提示信息如下：

选择要定数等分的对象：
输入线段数目或 [块(B)]：b
输入要插入的块名：红旗
是否对齐块和对象？[是(Y)/否(N)] <Y>:
输入线段数目：5

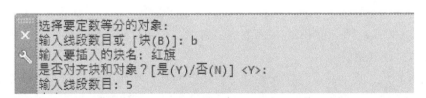

图2-3 定数等分直线段   图2-4 以块的形式定数等分直线段

2.1.1.5 绘制定距等分点

在指定的对象上按指定的长度进行划分，在分点处用点做标记或插入块。

1. 命令启用

1）功能区："默认"选项卡→"绘图"面板→"定距等分"按钮 。

2）菜单栏："绘图"→"点"→"定距等分"命令。

3）命令行：MEASURE。

2. 操作应用

执行命令后，选择要定距等分的对象后，命令行将会提示：

命令：MEASURE
选择要定距等分的对象：

MEASURE 指定线段长度或 [块(B)]：

1）若直接在命令行中输入定距的长度值，系统将自动在指定的对象上绘出点的位置，并在等距处做点的标记，若最后一段长度小于等分长度 L，系统会自然保留，如图2-5所示。

2）若选择以块的形式等距显示或等距插入特定标志，输入"B"，按〈Enter〉键或〈Space〉键，输入要插入的块名（注：插入块之前须先创建块，其创建流程见后续任务讲解），确定插入块时是否校准，最后再输入指定线段长度，结果按给定的长度值划分指定的对象，并在每个等距点处插入该块，如图2-6所示。命令行提示信息如下：

命令：MEASURE
选择要定距等分的对象：
指定线段长度或 [块(B)]：B
输入要插入的块名：红旗
是否对齐块和对象？[是(Y)/否(N)] <Y>：
指定线段长度：25

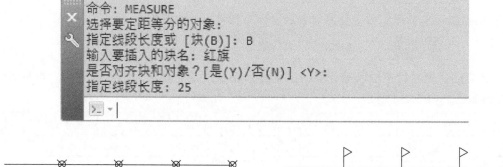

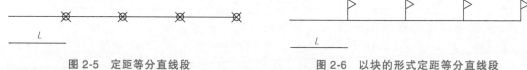

图2-5　定距等分直线段　　　　　　　图2-6　以块的形式定距等分直线段

2.1.2　直线型对象

在 AutoCAD2019 中，直线型对象有直线、射线、构造线、多线和多段线5种。

2.1.2.1　绘制直线

AutoCAD 图形由图元组成（图元是最小的图形元素，不能被分解），直线段就是其中一类图元，使用直线命令确定直线的起点和终点即可实现一系列连续直线段的绘制。

1. 命令启用

1）功能区："默认"选项卡→"绘图"面板→"直线"按钮 。

2）菜单栏："绘图"→"直线"命令。

3）工具栏："绘图"工具栏中的"直线"按钮 。

4）命令行：LINE。

2. 操作应用

1) 执行命令后，命令行将会提示：

> 命令：LINE
> ▾ LINE 指定第一个点：

2) 在提示下指定直线段的第一点，如（20，20）。执行命令后，命令行将会继续提示：

> ▾ LINE 指定下一点或 [放弃(U)]：

3) 在提示下输入直线段第二个端点坐标，如（50，50）。执行命令后，命令行将会继续提示：

> ▾ LINE 指定下一点或 [放弃(U)]：

4) 继续输入第三个端点坐标，如（50，20）。执行命令后，命令行将会继续提示：

> ▾ LINE 指定下一点或 [闭合(C) 放弃(U)]：

5) 按〈Enter〉键或〈Space〉键结束当前命令，示例如图 2-7a 所示。

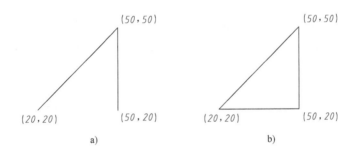

图 2-7　绘制直线

若在命令行输入"c"后再按〈Enter〉键或〈Space〉键，结果会从当前点（50，20）移到起点（20，20）连成一线，形成封闭图形，如图 2-7b 所示。

> 注：在 AutoCAD 图形绘制过程中，输入点的坐标时，"，"均采用英文字体，否则输入坐标点无效。

其他选项的含义如下。

➤ "闭合（C）"选项：表示以第一条线段的起点作为最后一条线段的终点，形成一个封闭的直线段环。

➤ "放弃（U）"选项：表示删除最近一次绘制的线段，多次选择该选项，将按照绘制次序的逆序逐个删除线段。

2.1.2.2　绘制射线

射线是以某点为起点，且在单方向上无限延长的直线，一般用于辅助线。可通过指定射线的起点和通过点来绘制一系列射线。

1. 命令启用

1) 功能区："默认"选项卡→"绘图"面板→"射线"按钮 。

2）菜单栏：“绘图”→“射线”命令。

3）命令行：RAY。

2. 操作应用

1）执行命令后，命令行将会提示：

RAY _ray 指定起点：

2）在提示下指定射线的起点，系统会继续提示：

RAY 指定通过点：

3）在提示下指定射线的通过点，即可绘制出以起点为端点的射线。

4）指定起点后，可在“指定通过点”提示下指定多个通过点，直到按〈Esc〉键或按〈Enter〉键或〈Space〉键结束当前命令，示例如图2-8所示。

2.1.2.3 绘制构造线

构造线通常用作工程绘图中的辅助线，没有起点和终点，按指定的方式和距离画一条或多条无穷长的直线。

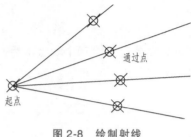

图2-8 绘制射线

在绘制实体的三视图时，为了保证投影关系，可先画出若干条构造线，再以构造线为基准画图。通常将构造线单独设置图层，图形绘制完成后，关闭构造线所在的图层。

1. 命令启用

1）功能区：“默认”选项卡→“绘图”面板→“构造线”按钮。

2）菜单栏：“绘图”→“构造线”命令。

3）工具栏：“绘图”工具栏中的“构造线”按钮。

4）命令行：XLINE。

2. 操作应用

1）执行命令后，命令行将会提示：

命令：_xline

XLINE 指定点或 [水平(H) 垂直(V) 角度(A) 二等分(B) 偏移(O)]：

2）在提示下指定一个点，系统会继续提示：

XLINE 指定通过点：

3）在提示下依次指定构造线的通过点，即可画一条或多条穿过中心点和通过点的无穷长直线，按〈Esc〉键或按〈Enter〉键或〈Space〉键结束当前命令，示例如图2-9所示。

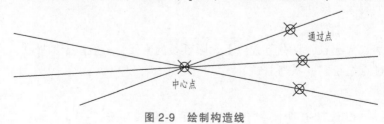

图2-9 绘制构造线

执行 XLNE 命令后，命令行中显示出若干个选项，默认选项是"指定点"。若选择括号内的选项，则需在命令行中输入选项的相应字符（不分大小写）。各选项的含义如下：

➤"水平（H）"选项：绘制水平方向的构造线。

➤"垂直（V）"选项：绘制垂直方向的构造线。

➤"角度（A）"选项：绘制与 X 轴正方向成一定角度的构造线。

➤"二等分（B）"选项：绘制角平分线。执行该选项后，用户需指定角的顶点、角的起点和角的终点。指定完成后即可画出角平分线。

➤"偏移（O）"选项：绘制与指定直线平行的构造线。执行该选项后，给出偏移距离或指定通过点，即可画出与指定直线相平行的构造线。

2.1.3 圆形对象

AutoCAD2019 中的圆形对象包括圆、圆弧、圆环、椭圆和椭圆弧等。

2.1.3.1 绘制圆

AutoCAD2019 提供了多种绘制圆的方法，如图 2-10 所示。用户可根据需要选择不同的方式。

1. 命令启用

1）功能区："默认"选项卡→"绘图"面板→"圆"按钮 。

2）菜单栏："绘图"→"圆"命令。

3）工具栏："绘图"工具栏中的"圆"按钮 。

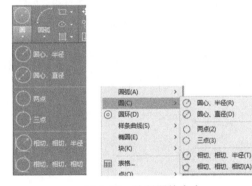

图 2-10 绘制圆的命令

4）命令行：CIRCLE。

2. 操作应用

执行命令后，命令行将会提示：

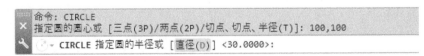

```
命令: CIRCLE
指定圆的圆心或 [三点(3P)/两点(2P)/切点、切点、半径(T)]: 100,100
  ▼ CIRCLE 指定圆的半径或 [直径(D)] <30.0000>:
```

1）"指定圆的圆心"：指定圆的圆心，如输入（100，100）。

2）系统默认选择"指定圆的半径"，输入的数值即为半径，如输入 30，示例如图 2-11a 所示。

3）若已知圆的直径，则单击"直径（D）"或输入"d"，命令行提示指定圆的直径，如输入 60，示例如图 2-11b 所示。

```
  ▼ CIRCLE 指定圆的半径或 [直径(D)] <30.0000>: d 指定圆的直径 <60.0000>:
```

4）若根据已知三点绘制圆，则单击"三点（3P）"或输入"3P"，根据命令行提示依次指定已知三点，示例如图 2-11c 所示。

指定圆的圆心或 [三点(3P)/两点(2P)/切点、切点、半径(T)]: 3P
指定圆上的第一个点:
指定圆上的第二个点:
指定圆上的第三个点:

5）若根据已知两点绘制圆，则单击"两点（2P）"或输入"2P"，根据命令行提示依次指定两点（两点间的距离为直径），示例如图 2-11d 所示。

指定圆的圆心或 [三点(3P)/两点(2P)/切点、切点、半径(T)]: 2P
指定圆直径的第一个端点:
指定圆直径的第二个端点:

6）若已知两个对象（圆或直线），要求绘制与其相切的圆，根据命令行提示依次指定切点，并指定圆的半径，示例如图 2-11e 所示。

指定圆的圆心或 [三点(3P)/两点(2P)/切点、切点、半径(T)]: T
指定对象与圆的第一个切点:
指定对象与圆的第二个切点:
指定圆的半径 <29.4878>: 50

7）若在功能区或菜单栏中选择 ⬡ 来绘制圆，执行命令后，根据命令行提示依次指定与 3 个已知对象（圆或直线）相切来绘制一个圆，示例如图 2-11f 所示。

命令: circle
指定圆的圆心或 [三点(3P)/两点(2P)/切点、切点、半径(T)]: _3p 指定圆上的第一个点: _tan 到
指定圆上的第二个点: _tan 到
指定圆上的第三个点: _tan 到

    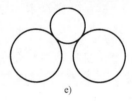

a)　　　　　　b)　　　　　　c)　　　　　　d)　　　　　　e)　　　　　　f)

图 2-11　圆的绘制方式

2.1.3.2　绘制圆弧

AutoCAD2019 提供了多种绘制圆弧的方式，如图 2-12 所示。用户可根据不同的情况灵活选择不同的绘制方式。

1. 命令启用

1）功能区："默认"选项卡→"绘图"面板→"圆弧"按钮 ⌒。

2）菜单栏："绘图"→"圆弧"命令。

3）工具栏："绘图"工具栏中的"圆弧"按钮 ▮。

4）命令行：ARC。

2. 操作应用

下面以"三点（P）"的方式为例介绍圆弧的绘制过程。执行该命令后，命令行将会提示：

2-2　圆的
绘制方式

图 2-12　绘制圆弧的命令

命令：ARC

ARC 指定圆弧的起点或 [圆心(C)]:

1）"指定圆弧的起点"：指定圆弧的起点后，命令行将会继续提示：

ARC 指定圆弧的第二个点或 [圆心(C) 端点(E)]:

2）"指定圆弧的第二个点"：指定圆弧的第二点，命令行将会继续提示：

ARC 指定圆弧的端点:

3）"指定圆弧的端点"：指定圆弧的端点，完成圆弧的绘制，如图 2-13a 所示。

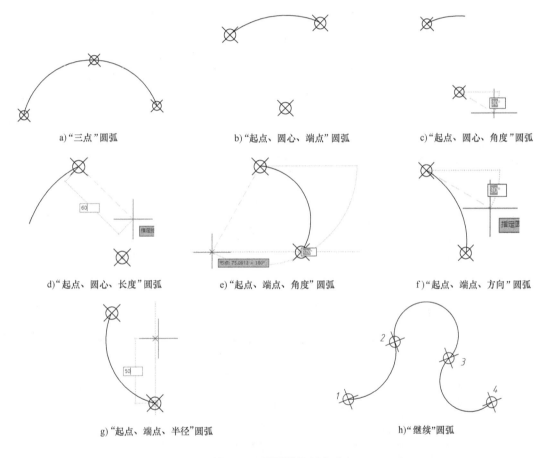

a)"三点"圆弧   b)"起点、圆心、端点"圆弧   c)"起点、圆心、角度"圆弧

d)"起点、圆心、长度"圆弧   e)"起点、端点、角度"圆弧   f)"起点、端点、方向"圆弧

g)"起点、端点、半径"圆弧   h)"继续"圆弧

图 2-13 圆弧的绘制方式

圆弧的绘制还可通过以下 10 种方式来实现。

（1）"起点、圆心、端点（S）" 通过指定圆弧的起点、圆心和端点绘制圆弧，圆弧方向可按住〈Ctrl〉键实现切换，示例如图 2-13b 所示。

（2）"起点、圆心、角度（T）" 通过指定圆弧的起点、圆心和角度绘制圆弧，圆弧方向可按住〈Ctrl〉键实现切换，示例如图 2-13c 所示。

（3）"起点、圆心、长度（A）" 通过指定圆弧的起点、圆心和弦长绘制圆弧，圆弧方向可按住〈Ctrl〉键实现切换，示例如图 2-13d 所示。

（4）"起点、端点、角度（N）" 通过指定圆弧的起点、端点和角度绘制圆弧，圆弧方向可按住〈Ctrl〉键实现切换，示例如图2-13e所示。

（5）"起点、端点、方向（D）" 通过指定圆弧的起点、端点以及起点相切方向绘制圆弧，圆弧方向可按住〈Ctrl〉键实现切换，示例如图2-13f所示。

（6）"起点、端点、半径（R）" 通过指定圆弧的起点、端点和半径绘制圆弧，圆弧方向可按住〈Ctrl〉键实现切换，示例如图2-13g所示。

（7）"圆心、起点、端点（C）" 通过指定圆弧的圆心、起点和端点绘制圆弧，圆弧方向可按住〈Ctrl〉键实现切换，绘制过程与"起点、圆心、端点（S）"相同。

（8）"圆心、起点、角度（E）" 通过指定圆弧的圆心、起点和角度绘制圆弧，圆弧方向可按住〈Ctrl〉键实现切换，绘制过程与"起点、圆心、角度（T）"相同。

（9）"圆心、起点、长度（L）" 通过指定圆弧的圆心、起点和长度绘制圆弧，圆弧方向可按住〈Ctrl〉键实现切换，绘制过程与"起点、圆心、长度（L）"相同。

（10）"继续（O）" 创建圆弧使其相切于上一次绘制的直线或圆弧。选择该命令后，系统自动以最后一次绘制线段或圆弧过程中确定的最后一点为新圆弧的起点，以最后所绘线段方向或圆弧终止点处的切线方向为新圆弧在起始点处的切线方向，然后再指定点就可以绘制出一个圆弧。圆弧方向可按住〈Ctrl〉键实现切换，示例如图2-13h所示。

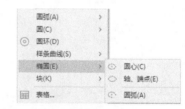

图2-14 绘制椭圆的命令

2.1.3.3 绘制椭圆

AutoCAD2019提供了3种绘制椭圆的方法，如图2-14所示。用户可根据不同情况选择不同的绘制方式。

1. 命令启用

1）功能区："默认"选项卡→"绘图"面板→"椭圆"按钮 。

2）菜单栏："绘图"→"椭圆"命令。

3）工具栏："绘图"工具栏中的"椭圆"按钮 。

4）命令行：ELLIPSE。

2. 操作应用

下面以"圆心（C）"的方式为例介绍椭圆的绘制过程。执行命令后，命令行将会提示：

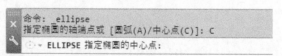

1）"指定椭圆的中心点"：指定中心点位置 O 点。命令行将会继续提示：

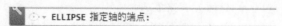

2）"指定轴的端点"：指定轴的端点位置 A 点或输入半轴长度（如40），如图2-15所示。命令行将会继续提示：

3）"指定另一条半轴长度"：指定另一条半轴的长度 B 点或输入半轴长度（如15），如图2-15所示。

各选项的含义如下。

➤ "中心点（C）"选项：执行该选项，先确定椭圆中心、轴的端点，再输入另一半轴距来绘制椭圆。

➤ "旋转（R）"选项：输入"R"后，再输入旋转角度来绘制椭圆。

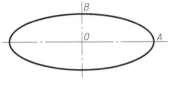

图2-15　"中心点（C）"椭圆

> **注**：在"指定绕长轴旋转的角度"中可直接输入数值，如输入0，结果为圆。角度值越大，椭圆越扁，输入最大角度应为89.4°。

31

2.1.3.4　绘制椭圆弧

椭圆弧的绘制命令和椭圆的绘制命令相同，都是 ELLIPSE，但命令行的提示不同。

1. 命令启用

1）功能区："默认"选项卡→"绘图"面板→"椭圆弧"按钮。
2）菜单栏："绘图"→"椭圆"→"圆弧"命令。
3）工具栏："绘图"工具栏中的"椭圆弧"按钮。
4）命令行：ELLIPSE。

2. 操作应用

执行命令后，命令行将会提示：

```
命令: _ellipse
指定椭圆的轴端点或 [圆弧(A)/中心点(C)]: _a
指定椭圆弧的轴端点或 [中心点(C)]: C
指定椭圆弧的中心点:
指定轴的端点: 40
指定另一条半轴长度或 [旋转(R)]: 15
指定起点角度或 [参数(P)]: 0
指定端点角度或 [参数(P)/夹角(I)]: 270
```

根据命令行提示进行操作，前面几行的操作是确定椭圆形状的过程，与上面介绍的绘制椭圆的过程完全相同，从第7行提示指定起点角度和第8行提示指定端点角度确定椭圆弧，示例如图2-16所示。

1）"指定起点角度"：输入要绘制的椭圆弧的起始角度。

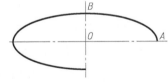

图2-16　"中心点（C）"椭圆弧

2）"指定端点角度"：输入要绘制的椭圆弧的终止角度。

各选项的含义如下。

➤ "夹角（I）"选项：根据椭圆弧的包含角来确定椭圆弧。

➤ "参数（P）"选项：通过设置参数确定椭圆弧另一个端点的位置。输入参数后，系统将使用公式 $P(n)=c+a\cos(n)+b\sin(n)$ 来计算椭圆弧的起始角。其中，n 是用户输入的参数；c 是椭圆弧的半焦距；a 和 b 分别是椭圆的长半轴与短半轴的轴长。

2.1.3.5　绘制圆环

圆环是通过指定圆环的内、外直径来绘制的，也可绘制填充圆，常用于绘制平垫等中空圆形结构零件。

1. 命令启用

1）功能区："默认"选项卡→"绘图"面板→"圆环"按钮。

2）菜单栏："绘图"→"圆环"命令。

3）命令行：DONUT。

2. 操作应用

执行命令后，命令行将会提示：

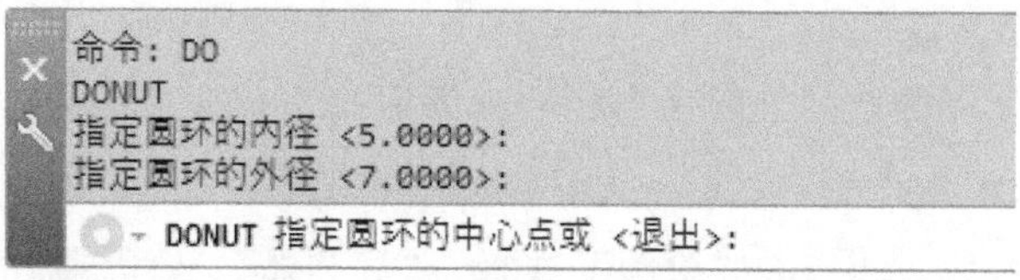

```
命令：DO
DONUT
指定圆环的内径 <5.0000>：
指定圆环的外径 <7.0000>：
DONUT 指定圆环的中心点或 <退出>：
```

1）"指定圆环的内径〈默认值〉"：输入圆环的内径，如 5。如果直接按〈Enter〉键或〈Space〉键，则内径为默认值。

2）"指定圆环的外径〈默认值〉"：输入圆环的外径，如 7。

3）"指定圆环的中心点"：输入圆环的中心位置。

4）"〈退出〉"：退出圆环的绘制。

使用该命令绘制的圆环和填充圆，如图 2-17所示。

图 2-17　圆环和填充圆

2.1.4　矩形和正多边形

AutoCAD2019 提供了多种形式的矩形和多边形对象，如直角矩形、圆角矩形、正多边形等。

2.1.4.1　绘制矩形

1. 命令启用

1）功能区："默认"选项卡→"绘图"面板→"矩形"按钮。

2）菜单栏："绘图"→"矩形"命令。

3）工具栏："绘图"工具栏中的"矩形"按钮。

4）命令行：RECTANG。

2-3　绘制
多种矩形

2. 操作应用

执行命令后，命令行将会提示：

```
命令：REC
RECTANG
指定第一个角点或 [倒角(C)/标高(E)/圆角(F)/厚度(T)/宽度(W)]：0,0
RECTANG 指定另一个角点或 [面积(A) 尺寸(D) 旋转(R)]：
```

1）"指定第一个角点"：系统默认通过指定两个对角点来绘制矩形，如输入"0,0"来指定第一角点。

2）指定第一个角点后，命令行自动提示指定另一个角点，如输入"20,10"，按

〈Enter〉键或〈Space〉键即可绘制一个矩形，如图 2-18a 所示。

各选项的含义如下。

➤ "倒角（C）"选项：绘制带倒角的矩形。选择此项后需要指定矩形的两个倒角距离，在设定倒角距离后，仍返回系统提示中的第二行，完成矩形绘制，如图 2-18b 所示。

➤ "标高（E）"选项：指定矩形所在的平面高度，在默认情况下，矩形在 XY 平面内。该选项一般用于三维绘图。

➤ "圆角（F）"选项：绘制带圆角的矩形。选择此项后需要指定圆角的半径，如指定圆角半径为 2。在设定圆角半径后，仍返回系统提示中的第二行，完成矩形绘制，如图 2-18c 所示。

➤ "厚度（T）"选项：按指定的厚度绘制矩形，该选项一般用于三维绘图。

➤ "宽度（W）"选项：按指定的线宽绘制矩形。选择此项后需要指定矩形的线宽，在设定了线宽后，仍返回系统提示中的第二行，完成矩形绘制，如图 2-18d 所示。

➤ "面积（A）"选项：通过指定矩形的面积和长度（或宽度）来绘制矩形。

➤ "尺寸（D）"选项：通过指定矩形的长度、宽度和矩形另一角点的方向来绘制矩形。

➤ "旋转（R）"选项：通过指定旋转的角度和两个参考点来绘制矩形。

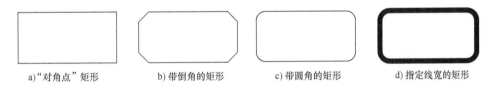

a)"对角点"矩形   b)带倒角的矩形   c)带圆角的矩形   d)指定线宽的矩形

图 2-18　各种形状的矩形

> **注**：在绘制矩形时，用户误操作有可能会出现全黑矩形，此时重新启用矩形命令，选择"宽度"选项，重新指定矩形的线宽为"0"。

2.1.4.2　绘制正多边形

在 AutoCAD2019 中，正多边形可通过内切圆和外接圆等辅助手段，并结合正多边形的边数、中心点、圆的半径等数据来绘制。AutoCAD2019 中支持绘制边数为 3～1024 的正多边形。另外，也可通过指定正多边形的边长来确定正多边形。

1. 命令启用

1）功能区："默认"选项卡→"绘图"面板→"正多边形"按钮 。

2）菜单栏："绘图"→"正多边形"命令。

3）工具栏："绘图"工具栏中的"正多边形"按钮 。

4）命令行：POLYGON。

2. 操作应用

执行命令后，命令行将会提示：

1）"输入侧面数〈4〉"：系统默认值为4，输入正多边形的边数，如输入6，按〈Enter〉键或〈Space〉键确认边数，命令行将会提示：

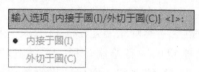

2）"指定正多边形的中心点"：指定正多边形的中心点后，命令行自动提示：

3）"输入选项"：选择是以"内接于圆（I）"还是以"外切于圆（C）"的方式来绘制正多边形，系统的默认方式为"内接于圆（I）"。命令行自动提示：

4）"指定圆的半径"：给出圆的半径值，如输入15，示例如图2-19a所示。

各选项的含义如下。

➤ "内接于圆（I）"选项：使用正多边形的外接圆的方式来绘制正多边形。

➤ "外切于圆（C）"选项：使用正多边形的内切圆的方式来绘制正多边形，示例如图2-19b所示。

➤ "边（E）"选项：按给定正多边形边长的方式来绘制正多边形，即指定正多边形的一条边的两个端点确定整个正多边形，示例如图2-19c所示。

a)"内接于圆"正六边形　　　b)"外切于圆"正六边形　　　c)利用"边"绘制正六边形

图2-19　正多边形的绘制

2.1.5　多段线

多段线是一种非常实用的线段对象，是由多段直线或圆弧组成的组合体，其中线段或圆弧可设置不同的线宽。

1. 命令启用

1）功能区："默认"选项卡→"绘图"面板→"多段线"按钮。

2）菜单栏："绘图"→"多段线"命令。

3）工具栏："绘图"工具栏中的"多段线"按钮。

4）命令行：PLINE。

2. 操作应用

执行命令后，命令行将会提示：

```
命令: PLINE
指定起点:
当前线宽为 0.0000
```

` .. ▾ PLINE 指定下一个点或 [圆弧(A) 半宽(H) 长度(L) 放弃(U) 宽度(W)]: `

1)"指定起点":指定多段线的起点。

2)"当前线宽":显示当前多段线的宽度,默认值为 0,用户可自行设置。

3)"指定下一个点":系统默认直线绘制方式,初始宽度为零。如果要绘制不带线宽的直线,则可直接在提示行(默认项)输入直线的下一点,给出后仍出现上面直线绘制方式提示行,按〈Enter〉键或〈Space〉键确认结束命令。

各选项的含义如下。

➤"圆弧(A)"选项:该选项使绘图方式由直线变为圆弧,命令行将会提示:

` .. ▾ PLINE [角度(A) 圆心(CE) 方向(D) 半宽(H) 直线(L) 半径(R) 第二个点(S) 放弃(U) 宽度(W)]: `

➤"半宽(H)"选项:确定多段线的半宽度,即多段线宽度等于输入值的两倍。其中,可以指定对象的起点半宽值和端点半宽值。

➤"长度(L)"选项:绘制指定长度的多段线。AutoCAD 将以该长度沿着上一次所绘直线方向接着绘制直线。若继续绘制圆弧,则系统默认所绘圆弧与直线相切。

➤"放弃(U)"选项:删除最后绘制的直线或圆弧段,利用该选项可以及时修改在绘制多段线过程中出现的错误。

➤"宽度(W)"选项:确定多段线的宽度。起点和端点的宽度可以相同,也可以不同。

如图 2-20 所示的各个图形都是由"多段线"命令所绘制的。

a) 连续绘制圆弧　　　　b) 先绘制直线,后绘制圆弧　　　　c) 复杂多段线

图 2-20　多段线的绘制

2-4　绘制
多段线

2.1.6　样条曲线

样条曲线是一种通过或接近指定点的拟合曲线,用于创建具有不规则变化曲率半径的曲线。样条曲线常用于机械图样的切断面、地形外貌轮廓线(如波浪线)等。

1. 命令启用

1)功能区:"默认"选项卡→"绘图"面板→"样条曲线拟合点"按钮█或"样条曲线控制点"按钮█。

2)菜单栏:"绘图"→"样条曲线"命令。

3)工具栏:"绘图"工具栏中的"样条曲线"按钮█。

4）命令行：SPLINE。

2．操作应用

1）执行"样条曲线拟合点"命令后，命令行有如下提示：

```
命令： SPLINE
当前设置： 方式=拟合    节点=弦
指定第一个点或 [方式(M)/节点(K)/对象(O)]： _M
输入样条曲线创建方式 [拟合(F)/控制点(CV)] <拟合>： _FIT
当前设置： 方式=拟合    节点=弦
指定第一个点或 [方式(M)/节点(K)/对象(O)]：
输入下一个点或 [起点切向(T)/公差(L)]：
输入下一个点或 [端点相切(T)/公差(L)/放弃(U)]：
输入下一个点或 [端点相切(T)/公差(L)/放弃(U)/闭合(C)]：
输入下一个点或 [端点相切(T)/公差(L)/放弃(U)/闭合(C)]：
输入下一个点或 [端点相切(T)/公差(L)/放弃(U)/闭合(C)]：
```

①"当前设置"：当前绘制样条曲线的方式及状态，如"方式=拟合"。

②"指定第一个点"：给出样条曲线的第一点。

③"输入样条曲线创建方式"：绘制样条曲线有"拟合"和"控制点"。执行"样条曲线拟合点"，其创建方式则为"拟合"。

④"输入下一个点"：指定样条曲线的第二点，可连续指定若干点，直至按〈Enter〉键或〈Space〉键确认结束命令。

各选项的含义如下。

➤"方式（M）"选项：绘制样条曲线有"拟合（F）"和"控制点（CV）"两种方式。

➤"节点（K）"选项：在"拟合"方式中是以曲线的弦长控制样条的形状；在"控制点"方式中则是以阶数来控制样条的形状。

➤"对象（O）"选项：将二维或三维的二次或三次样条曲线拟合多段线转换为等阶的样条曲线，然后删除该多段线。

➤"起点切向（T）"选项：给出起点的切线方向。

➤"端点相切（T）"选项：给出终点的切线方向。

➤"公差（L）"选项：选择此项后，命令行将会提示指定拟合公差，默认值为0。拟合公差值决定了所画曲线与指定点的接近程度，拟合公差越大，离指定点越远，拟合公差为0，将通过指定点。

➤"放弃（U）"选项：放弃最后一次的选择。

采用"样条曲线拟合点"命令，绘制的图形如图2-21a所示。

2）执行"样条曲线控制点"命令后，命令行将会提示：

```
命令： SPLINE
当前设置： 方式=拟合    节点=弦
指定第一个点或 [方式(M)/节点(K)/对象(O)]： _M
输入样条曲线创建方式 [拟合(F)/控制点(CV)] <拟合>： _CV
当前设置： 方式=控制点    阶数=3
SPLINE 指定第一个点或 [方式(M) 阶数(D) 对象(O)]：
```

该命令可选择控制样条曲线形状的控制点阶数，而上一个命令是选择控制样条曲线形状的拟合点，其他各选项的含义与上述相似，不再重复，绘图结果如图2-21b所示。

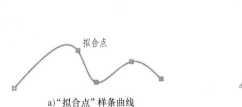
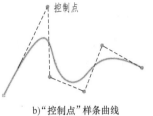

a)"拟合点"样条曲线   b)"控制点"样条曲线

图 2-21 样条曲线的绘制

2.1.7 修订云线

在工程图样审核和检查的过程中，常常对图形进行标记。AutoCAD2019 提供了一种使用"修订云线"功能进行圈阅图形的方法，以提高工作效率。

1. 命令启用

1）功能区："默认"选项卡→"绘图"面板→"修订云线"按钮 ▨。

2）菜单栏："绘图"→"修订云线"命令。

3）工具栏："绘图"工具栏中的"修订云线"按钮 ▨。

4）命令行：REVCLOUD。

2. 操作应用

执行"修订云线"命令后，命令行有如下提示：

```
命令: _revcloud
最小弧长: 0.5    最大弧长: 0.5    样式: 普通    类型: 徒手画
指定第一个点或 [弧长(A)/对象(O)/矩形(R)/多边形(P)/徒手画(F)/样式(S)/修改(M)] <对象>: _F
指定第一个点或 [弧长(A)/对象(O)/矩形(R)/多边形(P)/徒手画(F)/样式(S)/修改(M)] <对象>:
沿云线路径引导十字光标...
```
```
REVCLOUD 反转方向 [是(Y) 否(N)] <否>:
```

1）"指定第一个点"：指定修订云线的开始点，然后用户可在绘图区任意拖动光标绘制云线。

2）"反转方向"：修订云线有正转云线（方向朝内）、反转云线（方向朝外）。

各选项的含义如下。

➤ "弧长（A）"选项：指定云线的最小弧长和最大弧长。在默认情况下，弧长的最小值为 0.5 个单位，弧长的最大值不能超过最小值的 3 倍。

➤ "对象（O）"选项：选择一个封闭图形，将其转换为云线路径。

➤ "样式（S）"选项：指定修订云线的样式。

如图 2-22 所示，将绘制完成的正六边形转换为云线。

a)原始正六边形   b)正转正六边形   c)反转正六边形

图 2-22 将对象转换为云线路径

2.1.8 图案填充

在工程图样中，各种剖视图存在多样剖面线，而 AutoCAD2019 提供了一种"图案填充"命令来实现剖面线的绘制。

2-5 图案填充

1. 命令启用

1）功能区："默认"选项卡→"绘图"面板→"图案填充"按钮。

2）菜单栏："绘图"→"图案填充"命令。

3）工具栏："绘图"工具栏中的"图案填充"按钮。

4）命令行：BHATCH 或 BH 或 H。

2. 操作应用

执行命令后，功能区弹出"图案填充创建"面板，有"边界""图案""特性""原点""选项"和"关闭"6 个选项卡。

命令行并提示：

```
命令：_hatch
HATCH 拾取内部点或 [选择对象(S) 放弃(U) 设置(T)]:
```

1）"拾取内部点"：在填充的区域内单击拾取内部点。

2）"选择对象"：选择一个封闭图形，实现填充。

各选项的含义如下。

➤"放弃（U）"选项：放弃上一次的选择。

➤"设置（T）"选项：选择"设置"，系统自动弹出"图案填充和渐变色"对话框，单击"样例"选择填充图案，并设置角度和比例，如图 2-23 所示。将移出断面图进行图案填充，结果如图 2-24 所示。

图 2-23 "图案填充和渐变色"对话框

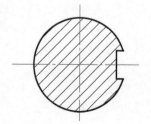

图 2-24 断面图填充

任务2.2　精确绘图工具

为使用户能快速简便地绘出精确的工程图形，AutoCAD2019 提供了多种精确绘图工具，主要包括图形坐标、栅格显示、捕捉模式、动态输入、正交模式、极轴追踪、对象捕捉追踪、对象捕捉和线宽等，通过单击如图 2-25 所示的状态栏中的按钮切换打开或关闭。

图 2-25　状态栏

2.2.1　捕捉与栅格

2-6　精确绘图工具

在启用"捕捉模式"和"栅格显示"功能前，有必要先对相关的选项进行设置，可通过"草图设置"对话框中的"捕捉和栅格"选项卡来实现对栅格和捕捉的设置。栅格的间距和捕捉的间距可以独立地设置，但它们的值通常是有关联的。

"草图设置"对话框包括捕捉和栅格、极轴追踪、对象捕捉、三维对象捕捉、动态输入、快捷特性和选择循环等选项卡，如图 2-26 所示。

1. 命令启用

1）菜单栏："工具"→"绘图设置"命令。

2）状态栏：在"显示图形栅格"按钮或"捕捉到图形栅格"按钮上右击，选择"网格设置"或"捕捉设置"命令，如图 2-27 所示。

3）命令行：DSETTINGS。

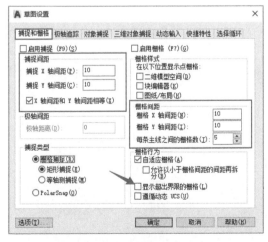

图 2-26　"草图设置"对话框

图 2-27　快捷菜单

用户根据需要勾选或取消"启用捕捉"复选框和"启用栅格"复选框，实现打开或关闭捕捉模式和栅格显示。

主要选项的含义如下。

（1）"捕捉间距"选项组　控制捕捉位置的不可见矩形栅格，以限制光标仅在指定的 X 轴和 Y 轴间隔内移动。

➤"捕捉 X 轴间距"文本框：指定 X 方向的捕捉间距，间距值须为正实数。

➤"捕捉 Y 轴间距"文本框：指定 Y 方向的捕捉间距，间距值须为正实数。

➤"X 轴间距和 Y 轴间距相等"复选框：为捕捉间距和栅格间距强制使用同一 Y 轴和 X 轴间距值。捕捉间距与栅格间距可以不同。

（2）"栅格间距"选项组　控制栅格的显示，有助于直观显示距离。

➤"栅格 X 轴间距"文本框：指定 X 方向上的栅格间距。

➤"栅格 Y 轴间距"文本框：指定 Y 方向上的栅格间距。

➤"每条主线之间的栅格数"微调框：指定主栅格线间的间隔数，只在栅格显示为线栅格时有效。

（3）"栅格行为"选项组　控制栅格线的外观。GRIDSTYLE 设置为 0 时，显示栅格线；GRIDSTYLE 设置为 1 时，显示栅格点。

➤"自适应栅格"复选框：放大或缩小图形，系统自动调整栅格间距，使其更适合新的比例。

➤"显示超出界限的栅格"复选框：显示超出 LIMITS 命令指定区域的栅格，用户根据使用习惯，可取消勾选。

➤"遵循动态 UCS"复选框：更改栅格平面，以跟随动态 UCS 的 XY 平面。

除了"草图设置"对话框外，还可以使用 SNAP 和 GRID 命令分别设置捕捉和栅格。

1）输入 SNAP 命令，按〈Enter〉键或〈Space〉键，命令行将会提示：

命令：SNAP
SNAP 指定捕捉间距或 [打开(ON) 关闭(OFF) 纵横向间距(A) 传统(L) 样式(S) 类型(T)]
<10.0000>:

2）输入 GRID 命令，按〈Enter〉键或〈Space〉键，命令行将会提示：

命令：GRID
GRID 指定栅格间距(X) 或 [开(ON) 关(OFF) 捕捉(S) 主(M) 自适应(D) 界限(L) 跟随(F) 纵横向间距(A)]
<10.0000>:

注：栅格线的颜色可以通过单击"选项"对话框的"绘图"选项卡中的"颜色"按钮来设置，如图 2-28 所示。

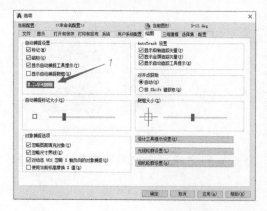
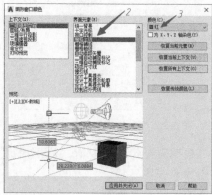

图 2-28　设置栅格线的颜色

2. 操作应用

1）打开或关闭"捕捉模式"的方法有以下几种。

① "草图设置"→"捕捉和栅格"→"启用捕捉（F9）"复选框。

② 状态栏："捕捉模式"按钮 ▦ 。

③ 快捷键：〈F9〉键或〈Ctrl+B〉键。

④ 系统变量：SNAPMODE（"0"为取消捕捉模式，"1"为启用捕捉模式）。

单击状态栏上的"捕捉模式"按钮，若亮显，则为捕捉模式打开状态，此时移动光标，光标不会连续平滑地移动，而是机械式跳跃移动。

2）打开或关闭"栅格显示"的方法有以下几种。

① "草图设置"→"捕捉和栅格"→"启用栅格（F7）"复选框。

② 状态栏："栅格显示"按钮 ▦ 。

③ 快捷键：〈F7〉键或〈Ctrl+G〉键。

④ 系统变量：GRIDMODE（"0"为取消栅格显示，"1"为启用栅格显示）。

单击状态栏上的"栅格显示"按钮，若亮显，则绘图区内将显示点栅格或线栅格，栅格只在屏幕上显示，不能打印输出。

2.2.2 动态输入

动态输入的作用是在绘图区的光标附近提供命令界面，用来显示和输入坐标值、长度以及角度等数据信息。动态输入命令与命令行输入命令的效果一样。

1. 命令启用

1）状态栏："动态输入"按钮 ▦ 。

2）快捷键：〈F12〉键。

启用动态输入后，命令提示信息将在光标附近显示，且随着光标的移动而不断动态更新。

2. 动态输入的设置

当动态输入处于启用状态时，工具提示将在光标附近动态显示更新信息。当命令正在运行时，可以在工具提示文本框内指定选项和值。控制动态输入的设置，可通过"草图设置"对话框中的"动态输入"选项卡来完成，如图 2-29 所示。

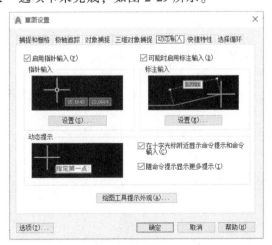

图 2-29 "动态输入"选项卡

3. 应用示例

通过绘制轴类零件移出断面图（图2-30）来具体介绍如何使用动态输入。

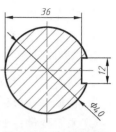

图2-30　移出断面图

绘制步骤如下：

1）单击状态栏上的"动态输入"按钮 或按〈F12〉键，激活动态输入，如图2-31所示。

图2-31　激活动态输入

2）启用绘制直线的命令，根据动态提示绘制中心线，如图2-32所示。

图2-32　动态输入绘制中心线

3）启用绘制圆的命令，激活对象捕捉功能，此时光标处显示"动态提示"和"动态数"，指定中心线交点为圆心，如图2-33a所示。

4）动态提示"指定圆的半径"，输入20即可，如图2-33b、c所示。

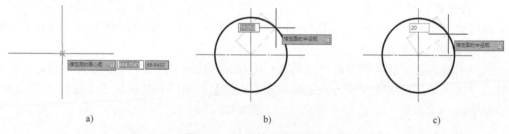

a)　　　　　　　　　　b)　　　　　　　　　　c)

图2-33　动态输入绘制圆

5）激活极轴追踪、对象捕捉及对象捕捉追踪功能，启用绘制直线命令，系统提示"指定第一个点"，将光标移动到圆心处，出现交点或圆心捕捉标记时（不要单击确定），将光标沿水平中心线正方向移动追踪定位到圆外，输入16，如图2-34所示。

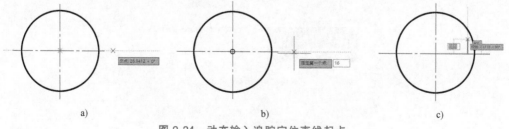

a)　　　　　　　　　　b)　　　　　　　　　　c)

图2-34　动态输入追踪定位直线起点

42

6）动态提示"指定下一点"，沿 90°极轴方向输入 6，按〈Enter〉键或〈Space〉键确认，然后沿 0°极轴方向捕捉追踪交点，按〈Enter〉键或〈Space〉键确认，如图 2-35 所示。

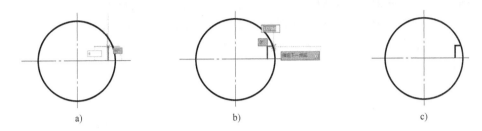

图 2-35　动态输入绘制直线

7）启用镜像命令，选择镜像对象，按〈Enter〉键或〈Space〉键确认，动态提示"指定镜像线的第一点"，指定水平中心线端点为镜像线，系统提示"要删除源对象吗?"，默认为"否"，按〈Enter〉键或〈Space〉键确认，如图 2-36 所示。

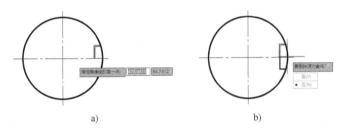

图 2-36　动态输入镜像对象

8）启用修剪命令，连续按两次〈Enter〉键或〈Space〉键，选择修剪对象，如图 2-37 所示。

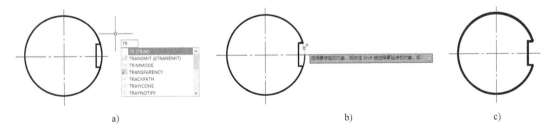

图 2-37　动态输入修剪线段

9）启用图案填充命令，动态提示"拾取内部点"，在圆内填充区域单击，完成图案填充，如图 2-38 所示。

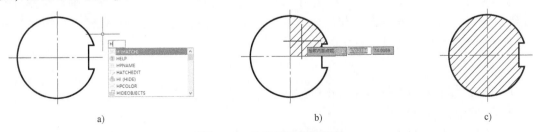

图 2-38　动态输入图案填充

2.2.3　对象捕捉和对象捕捉追踪

对象捕捉和对象捕捉追踪是针对特定对象上特征点的精确定位工具，在精确绘图过程中，经常需要在图形对象上选取某些特征点，如圆心、切点、交点、象限点和中点等。使用AutoCAD 提供的对象捕捉或对象捕捉追踪功能，可迅速、准确捕捉特征点的位置，从而精确地绘制图形。

2.2.3.1　对象捕捉

1. 命令启用

1）状态栏："对象捕捉"按钮 🔲。

2）快捷键：〈F3〉键。

2. 操作应用

默认情况下，当提示指定点时，移动光标至对象的捕捉位置附近将显示标记和工具提示，此功能称为自动捕捉（AutoSnap），提供了视觉确认，指示哪个对象捕捉正在使用。各种对象捕捉的标记如图 2-39 所示。

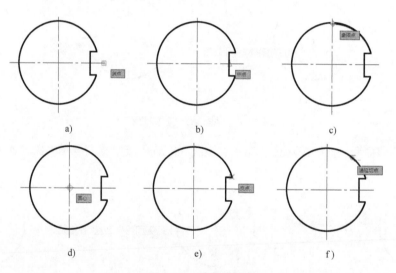

图 2-39　对象捕捉点

2.2.3.2　对象捕捉追踪

使用"对象捕捉追踪"，可以沿着基于对象捕捉点的对齐路径进行追踪，已获取的点将显示一个小加号（+）。

获取点之后，当在绘图路径上移动光标时，将显示相对于获取点的水平、垂直对齐路径（虚线），沿着某个路径选择点。使用对象捕捉追踪功能前，必须激活对象捕捉功能，并设定对象捕捉点，才能实现对象捕捉点的追踪。

1. 命令启用

1）状态栏："对象捕捉追踪"按钮 ◢。

2）快捷键：〈F11〉键。

3）系统变量 AUTOSNAP：开启时设置为 16，关闭时设置为 0。

2. 操作应用

使用对象捕捉追踪功能前，必须打开对象捕捉功能，并设定对象捕捉点。如图 2-40 所示，基于中点垂直方向和端点水平方向的对象捕捉追踪，以定位圆的圆心。

绘制步骤如下：

1）单击状态栏上的"对象捕捉"按钮 或按〈F3〉键和"对象捕捉追踪"按钮 或按〈F11〉键，激活对象捕捉和对象捕捉追踪，如图 2-41 所示。

图 2-40 对象捕捉追踪示例

615.3863, 65.4539, 0.0000 模型

图 2-41 激活对象捕捉和对象捕捉追踪

2）启用多边形绘制命令，绘制内接于圆（半径为 20）的正六边形，如图 2-42a 所示。

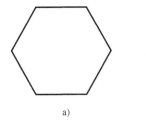 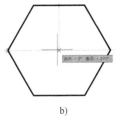 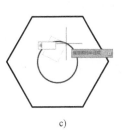

a)   b)   c)

图 2-42 对象捕捉追踪绘制示例

3）选定对象捕捉的端点和中点，启用绘制圆的命令，将光标放置端点和中点附件获取对象追踪点，沿水平、垂直对齐路径（虚线）获取垂足点（图 2-42b），单击鼠标左键，根据提示输入圆的半径，如图 2-42c 所示。

2.2.3.3 对象捕捉与对象捕捉追踪的设置

对象捕捉和对象捕捉追踪的设置，可以通过单击"对象捕捉"按钮 和"对象捕捉追踪"按钮 激活功能，右击"对象捕捉"按钮 设定对象捕捉点，如图 2-43a 所示；或者

a)   b)

图 2-43 对象捕捉与对象捕捉追踪的设置

通过"草图设置"对话框中的"对象捕捉"选项卡来实现，如图 2-43b 所示。

➤ "启用对象捕捉"复选框：打开或关闭执行对象捕捉。使用执行对象捕捉，在命令执行期间，在对象上指定点时，在"对象捕捉模式"下选定的对象捕捉处于活动状态。

➤ "启用对象捕捉追踪"复选框：打开或关闭对象捕捉追踪。使用对象捕捉追踪，在命令中指定点时，光标可以沿基于当前对象捕捉模式的对齐路径进行追踪。

2.2.4 正交模式和极轴追踪

"正交模式"和"极轴追踪"是两个相对的模式，"正交模式"将光标限制在水平或垂直方向移动；"极轴追踪"是指光标按指定角度进行移动，以便于精确地创造和修改对象。"正交模式"和"极轴追踪"不能同时打开，打开"正交模式"将关闭"极轴追踪"。

2.2.4.1 正交模式

当创建或移动对象时，可以使用"正交模式"将光标限制在相对于用户坐标系（UCS）的水平或垂直方向上。

1. 命令启用

1）状态栏："正交模式"按钮。

2）快捷键：〈F8〉键或〈Ctrl+L〉键。

3）命令行：ORTHO。

2. 操作应用

利用正交模式绘制图 2-44 所示的移出断面图的中心线以及键槽断面轮廓。

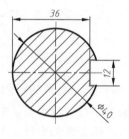

图 2-44 移出断面图

绘制步骤如下：

1）单击状态栏上的"正交模式"按钮或按〈F8〉键，打开正交模式、对象捕捉和对象捕捉追踪，设定对象捕捉点，如图 2-45 所示。

487.8455, 45.2936, 0.0000 模型

图 2-45 状态栏设置

2）绘制半径为 20 的圆，启用直线绘制命令，绘制圆的中心线，如图 2-46 所示。

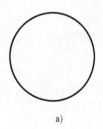
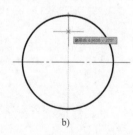

a)　　　　　　　　　b)　　　　　　　　　c)

图 2-46 正交模式绘制圆的中心线

3）启用直线绘制命令，绘制键槽断面轮廓，如图 2-47 所示。（注："正交模式"捕捉不到交点，需后续修剪。修剪和镜像命令将在后续章节讲述。）

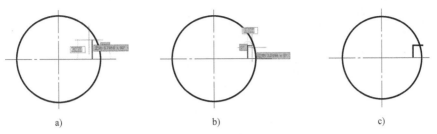

a)

b)

c)

图 2-47 正交模式绘制键槽断面轮廓

2.2.4.2 极轴追踪

创建或修改对象时，可以使用"极轴追踪"来显示由指定的极轴角度所定义的临时对齐路径。

1. 命令启用

1）状态栏："极轴追踪"按钮 。

2）快捷键：〈F10〉键。

3）系统变量 AUTOSNAP：打开时设置为 8，关闭时设置为 0。

2. 操作应用

利用极轴追踪绘制图 2-48 所示的圆孔。

绘制步骤如下：

1）右击状态栏上的"极轴追踪"按钮 ，选择快捷菜单中"30,60,90,120…"选项，如图 2-49 所示。

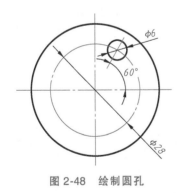

图 2-48 绘制圆孔

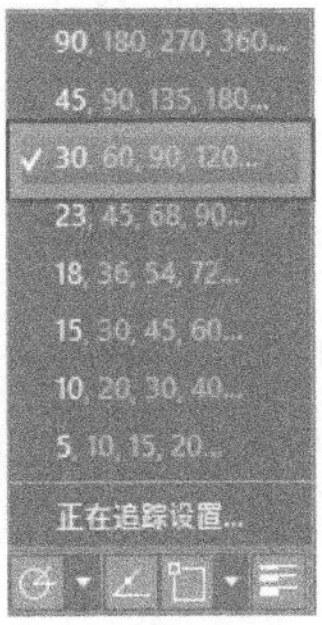

图 2-49 极轴追踪角度设置

2）单击状态栏上的"极轴追踪"按钮 或按〈F10〉键，打开极轴追踪、对象捕捉和对象捕捉追踪，设定对象捕捉点，如图 2-50 所示。

图 2-50 状态栏设置

3）绘制半径为 20 的轮廓圆和半径为 14 的定位圆（图 2-51a）；启用直线绘制命令，绘制与水平中心线成 60°的斜线（图 2-51b）；绘制半径为 3 的圆，如图 2-51c 所示。

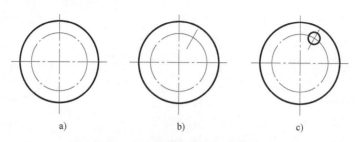

图 2-51 极轴追踪绘制圆孔

3. 极轴追踪的设置

在创建图形过程中，若存在比较特殊的极轴追踪角度，可以右击状态栏上的"极轴追踪"按钮，选择快捷菜单中"正在追踪设置..."选项（图2-49），系统弹出"草图设置"对话框，用户可在"极轴追踪"选项卡完成设置，如图 2-52 所示。

➤"增量角"下拉列表框：设定用来显示极轴追踪对齐路径的极轴角增量。可以输入任何角度，也可以从列表中选择 90、45、30、22.5、18、15、10 或 5 等常用角度。

图 2-52 极轴追踪角度设置

➤"新建"按钮：添加新的角度，单击"新建"按钮；若要删除新添加的现有角度，则单击"删除"按钮，最多可以添加 10 个附加极轴追踪对齐角度。

2.2.5 线宽显示/隐藏

为了切换图形的查看效果，有时需要显示或隐藏线宽。

1. 命令启用

1）状态栏："显示/隐藏线宽"按钮。

2）系统变量 LWDISPLAY：打开线宽显示设置 1，关闭线宽显示设置 0。

2. 操作应用

如图 2-53 所示，利用"显示/隐藏线宽"功能切换图形显示。

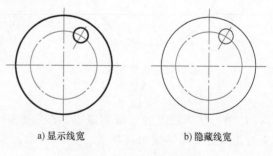

a) 显示线宽   b) 隐藏线宽

图 2-53 显示/隐藏线宽

任务 2.3 图形编辑命令

在工程图形的绘制过程中，除了利用基本绘图命令绘制图样外，还需要对图形对象进行编辑和修改，如移动、复制、拉伸、旋转、镜像、缩放、修剪、圆角、阵列、删除、分解、偏移等，修改工具面板如图 2-54 所示。

图 2-54 修改工具面板

2.3.1 选择对象

用户在对 AutoCAD 复杂图形进行编辑和修改时，必须选择编辑和修改的对象。选择对象的方法比较灵活，可以在使用编辑命令前先选择对象，以下简称先选择后执行；也可以在使用编辑命令后选择对象，以下简称先执行后选择。而这两种方法所选中对象的表现形式略有不同，选择对象可以包含单个或多个对象，都构成了选择集。AutoCAD2019 提供多种对象选择的方式，如点选、框选（栏选、圈围、圈交）、快速选择等。

2.3.1.1 点选对象

通过单击单个对象来选择，也称为单击选择。

1. 先选择后执行

在使用编辑命令前直接选择对象。选择对象时，可以先将光标放置在预选对象上，此时对象会高亮显示（亮显），然后再单击该对象，对象则被选中，被选中的对象呈现"夹点"状态，如图 2-55 所示。（注：点选对象可连续单击选择。）

a) 点选单个对象　　　　　　b) 点选多个对象　　　　　c) 按<Shift>键撤销某个对象选择

图 2-55 "先选择后执行"点选对象

2. 先执行后选择

即在使用编辑命令后选择对象。在执行编辑命令或其他操作时，可在"选择对象："提示下创建选择集。在显示该提示的同时十字光标变为矩形拾取框，使用该方式可以逐个地选择一个或多个对象。将矩形拾取框移到要选择的对象上，然后单击拾取键（左键），被选对象高亮显示，如图 2-56 所示。

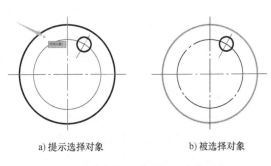

a) 提示选择对象　　　　b) 被选择对象

图 2-56 "先执行后选择"点选对象

注：如果要取消对单个对象或多个对象的选择，可直接按〈Esc〉键；如果要取消多个选择对象中的某一个对象的选择时，可按〈Shift〉键并单击要取消的对象，该对象就会从当前选择集中被撤销，也适用于取消单个对象的选择。

2.3.1.2 框选对象

使用框选创建选择集，即通过定义矩形区域确定选择对象，使用该方式可以同时选择多个对象，有以下两种矩形框选方式。

1）从左到右拖动光标以选择完全封闭在选择矩形中的所有对象，此时矩形窗口中的颜色为浅蓝色，边线为实线，如图 2-57a 所示。

2）从右到左拖动光标以选择与矩形相交的所有对象，此时矩形窗口中的颜色为浅绿色，边线为虚线，如图 2-57b 所示。

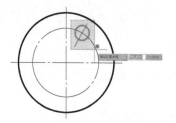

a) 从左到右拖动光标选择对象　　　　　　b) 从右到左拖动光标选择对象

图 2-57　框选对象

1. 先选择后执行

在绘图区单击指定选择窗口的第一个角点，命令行提示：

> `指定对角点或 [栏选(F) 圈围(WP) 圈交(CP)]:`

1）指定对角点。系统默认以矩形框的方式框选对象，拖动光标以选择完全封闭在矩形中的所有对象（从左到右拖动光标）或者与矩形相交的所有对象（从右到左拖动光标），如图 2-57 所示。

2）栏选。通过指定栏选点，绘制栅栏线，进而选择与栅栏线相交的所有对象。

选择"栏选（F）"后，命令行提示：

> ```
> 命令: 指定对角点或 [栏选(F)/圈围(WP)/圈交(CP)]: F
> 指定下一个栏选点或 [放弃(U)]:
> 指定下一个栏选点或 [放弃(U)]:
> 指定下一个栏选点或 [放弃(U)]:
> 指定下一个栏选点或 [放弃(U)]:
> ```

根据命令行提示，指定栏选点，形成一条虚线的围线，按〈Enter〉键或〈Space〉键完成栏选点的指定，凡是与围线相交的对象均会被选中，如图 2-58 所示。

3）圈围。输入 WP（窗口多边形），指定若干点，这些点形成完全包围要选择对象的区域。选择对象时，其选择窗口可以是不规则的多边形形状，多边形可以是任何形状，但不能自身相交。

图 2-58　"栏选"对象

选择"圈围（WP）"后，命令行提示：

```
命令：指定对角点或 [栏选(F)/圈围(WP)/圈交(CP)]: WP
指定直线的端点或 [放弃(U)]:
指定直线的端点或 [放弃(U)]:
指定直线的端点或 [放弃(U)]:
>· 指定直线的端点或 [放弃(U)]:
```

根据命令行提示，依次指定形成多边形窗口的直线端点，形成不规则的多边形实线框，如图2-59所示。按〈Enter〉键或〈Space〉键确定，完全包含在多边形窗口内的对象将被选中。

4）圈交。输入CP（交叉多边形），然后指定几个点，这些点定义包围或交叉要选择的对象。该方式不仅选取包含多边形区域内的对象，也选取与多边形边界相交的对象。"圈交"选择方式的窗口为虚线窗口，且多边形各边不能相交或重合。

选择"圈交（CP）"后，根据命令行提示，依次指定形成多边形窗口的直线端点，形成不规则的多边形虚线框，如图2-60所示。按〈Enter〉键或〈Space〉键确定，完全包含在多边形窗口内的对象以及与该窗口边框相交的对象均被选中。

注：先选择后执行时被选中的对象呈亮显和"夹点"状态。

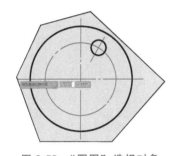

图2-59 "圈围"选择对象

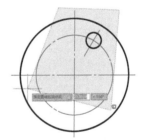

图2-60 "圈交"选择对象

2. 先执行后选择

在执行编辑命令或其他操作时，可在"选择对象："提示下创建选择集。例如，执行镜像命令后，在显示系统提示的同时十字光标变为矩形拾取框（图2-61a），在绘图区域单击，以指定选择窗口的第一个角点，命令行会提示：

```
命令：MI MIRROR
△· MIRROR 选择对象：指定对角点：
```

在命令行提示下向右拖动鼠标，即可显示一个实线的矩形（图2-57a），然后在合适的位置单击以指定对角点来定义矩形窗口的大小，则仅选择完全包含在选择窗口内的对象。此时命令行继续提示选择对象，直至按〈Enter〉键或〈Space〉键确认选择完毕，如图2-61b所示。

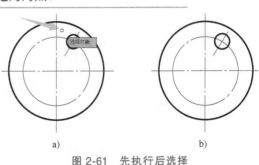

a)   b)

图2-61 先执行后选择

注：先执行后选择时被选中的对象只呈亮显而无"夹点"状态。

2.3.1.3 快速选择

对象选择除了通过鼠标单击和框选以外，还可以根据对象的类型和特性来选择。例如，选择除红色的粗实线以外的所有其他对象。

1. 命令启用

1）功能区："默认"选项卡→"实用工具"面板→"快速选择"按钮 。

2）菜单栏："工具"→"快速选择"命令。

3）快捷菜单：绘图区域右击，在弹出的快捷菜单中选择"快速选择"命令。

4）命令行：QSELECT。

2. 操作应用

执行"快速选择"命令后，打开"快速选择"对话框，如图2-62所示。在对话框中设置过滤条件，系统就会根据过滤条件自动筛选。

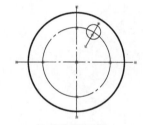

a）"快速选择"对话框设置过滤条件　　　b）自动筛选结果

图 2-62　快速选择

2.3.2 移动对象

"移动"命令可以调整图形中各个对象间的相对或绝对位置。Auto-CAD2019中移动命令可以按指定位置或距离精确地移动对象，移动对象仅仅是位置平移，而不改变对象的方向和大小。

2-7　移动对象

1. 命令启用

1）功能区："默认"选项卡→"修改"面板→"移动"按钮 移动。

2）菜单栏："修改"→"移动"命令。

3）工具栏："修改"工具栏中的"移动"按钮。

4）命令行：MOVE。

2. 操作应用

将图2-63a中的φ6mm小圆移动到图2-63b中的水平位置。

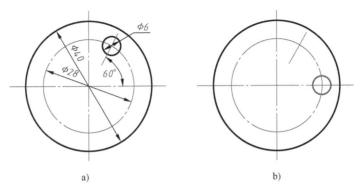

图 2-63　移动对象

绘制步骤如下：

1）打开极轴追踪、对象捕捉，设定对象捕捉点（如圆心、交点、象限点等）。

2）执行"移动"命令，命令行提示：

> 命令：MOVE
> MOVE 选择对象：

3）点选或框选小圆，按〈Enter〉键或〈Space〉键确认选择的对象，命令行将提示：

> 选择对象：
> MOVE 指定基点或 [位移(D)] 〈位移〉：

4）捕捉并单击小圆的圆心，命令行提示：

> 指定基点或 [位移(D)] 〈位移〉：
> MOVE 指定第二个点或 〈使用第一个点作为位移〉：

5）移动鼠标，指定第二个点，将小圆移动到目标位置。

2.3.3　复制对象

在工程图形绘制过程中，备份或者绘制与源对象完全相同的对象时，可选用 AutoCAD2019 提供的"复制"功能，配合坐标、对象捕捉、对象捕捉追踪等工具，即可按指定位置精确创建一个或多个原始对象的副本对象。

2-8　复制对象

1. 命令启用

1）功能区："默认"选项卡→"修改"面板→"复制"按钮。

2）菜单栏："修改"→"复制"命令。

3）工具栏："修改"工具栏中的"复制"按钮。

4）命令行：COPY。

2. 操作应用

将图 2-64a 中的 φ6mm 小圆复制到水平位置，结果如图 2-64b 所示。

绘制步骤如下：

1）打开极轴追踪、对象捕捉，设定对象捕捉点（如圆心、交点、象限点等）。

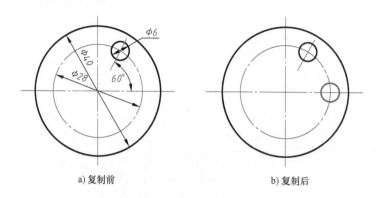

a) 复制前   b) 复制后

图 2-64 复制对象

2）执行"复制"命令，命令行提示：

3）点选或框选小圆，按〈Enter〉键或〈Space〉键确认选择的对象，命令行将提示：

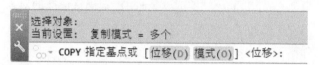

4）捕捉并单击小圆的圆心，命令行提示：

5）移动鼠标，指定第二个点，将小圆复制到目标位置。

2.3.4 旋转对象

在编辑调整绘图时，常需要旋转对象来改变其放置方式及位置。使用"旋转"命令可以围绕基点将选定的对象旋转到一个绝对的角度。

2-9 旋转对象

1. 命令启用

1）功能区："默认"选项卡→"修改"面板→"旋转"按钮 ⟳ 旋转 。

2）菜单栏："修改"→"旋转"命令。

3）工具栏："修改"工具栏中的"旋转"按钮 ⟳ 。

4）命令行：ROTATE。

2. 操作应用

将图 2-65a 中 60°位置上的 φ6mm 小圆进行旋转操作，结果如图 2-65b 所示。

绘制步骤如下：

1）打开极轴追踪、对象捕捉，设定对象捕捉点（如圆心、交点、象限点等）。执行"旋转"命令后，命令行提示：

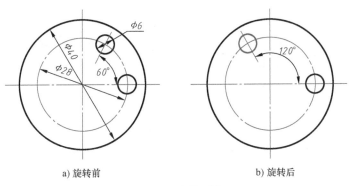

a) 旋转前   b) 旋转后

图 2-65 旋转对象

```
命令: ROTATE
UCS 当前的正角方向: ANGDIR=逆时针 ANGBASE=0
  ▾ ROTATE 选择对象:
```

> **注:** 系统默认逆时针方向为角度正方向,X 轴正方向为零角度方向。

2) 在命令行提示下选择要旋转的对象(60°位置上的 φ6mm 小圆),并按〈Enter〉键或〈Space〉键确认,命令行继续提示:

```
  ▾ ROTATE 指定基点:
```

3) 根据系统提示用鼠标拾取对象旋转所围绕的中心点(大圆圆心),命令行继续提示:

```
  ▾ ROTATE 指定旋转角度,或 [复制(C) 参照(R)] <0>:
```

4) 在此提示下,直接输入角度值指定角度或者选择极轴追踪角度,系统将按指定的基点和角度旋转所选对象,如图 2-66 所示。

5) 若选择"复制(C)",则创建要旋转的选定对象的副本,旋转后源对象不会被删除。根据命令行提示,再输入旋转的角度值,并按〈Enter〉键或〈Space〉键确认,即完成复制旋转,如图 2-67 所示。

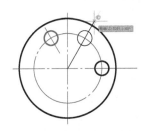

图 2-66 极轴追踪角度

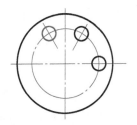

图 2-67 复制旋转对象

2.3.5 镜像对象

AutoCAD2019 镜像功能主要用于创建对称或接近对称结构,而不必绘制整个图形,通过指定镜像线镜像对象,镜像时可以删除源对象,也可保留源对象。

2-10 镜像对象

1. 命令启用

1) 功能区："默认"选项卡→"修改"面板→"镜像"按钮 ⚠️ 镜像 。

2) 菜单栏："修改"→"镜像"命令。

3) 工具栏："修改"工具栏中的"镜像"按钮 ⚠️ 。

4) 命令行：MIRROR。

2. 操作应用

将图 2-68a 中 120°位置上的 φ6mm 小圆进行镜像操作，结果如图 2-68b 所示。

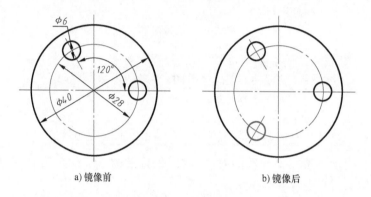

a) 镜像前   b) 镜像后

图 2-68 镜像对象

绘制步骤如下：

1) 打开极轴追踪、对象捕捉，设定对象捕捉点（如端点、圆心、交点、象限点等）。执行"镜像"命令后，命令行提示：

2) 在命令行提示下选择要镜像的对象（120°位置上的 φ6mm 小圆），并按〈Enter〉键或〈Space〉键确认，命令行继续提示：

3) 指定镜像线（水平中心线）上的两个端点后，命令行提示：

4) 系统提示删除还是保留源对象，默认为不删除源对象，按〈Enter〉键或〈Space〉键，创建镜像对象的同时将保留源对象，即绕指定轴翻转对象创建对称的镜像图像。

> **注**：默认情况下，镜像文字对象时，不更改文字的方向。若要反转文字，可将系统变量 MIRRTEXT 设置为 1。

2.3.6 缩放对象

放大或缩小选定的对象，使缩放后对象的比例保持不变。要缩放对象，应指定基点和比例因子，基点将作为缩放操作的中心，并保持静止，比例因子大于1时将放大对象，比例因子介于0~1时将缩小对象。

2-11 缩放对象

1. 命令启用

1）功能区："默认"选项卡→"修改"面板→"缩放"按钮 。

2）菜单栏："修改"→"缩放"命令。

3）工具栏："修改"工具栏中的"缩放"按钮 。

4）命令行：SCALE。

2. 操作应用

将φ40mm的圆进行缩放复制以绘制φ16mm的圆，如图2-69所示。

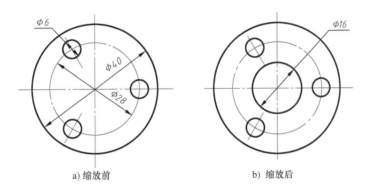

a) 缩放前   b) 缩放后

图2-69 缩放对象

绘制步骤如下：

1）打开极轴追踪、对象捕捉，设定对象捕捉点（如圆心）。执行"缩放"命令后，命令行提示：

2）在命令行提示下选择要缩放的对象（φ40mm的圆），并按〈Enter〉键或〈Space〉键确认，命令行继续提示：

3）捕捉φ40mm圆的圆心并单击，将其指定为缩放操作的基点，命令行继续提示：

4）因图形要求源对象保留，选择"复制（C）"选项，创建要缩放的选定对象的副本，根据命令行提示，输入比例因子0.4，按〈Enter〉键或〈Space〉键，即完成复制缩放。

57

2.3.7　修剪对象

在编辑图形时，使用"修剪"命令可以精确地将某一对象终止于由其他对象定义的边界处。

2-12　修剪对象

1. 命令启用

1）功能区："默认"选项卡→"修改"面板→"修剪"按钮 ✂修剪 。

2）菜单栏："修改"→"修剪"命令。

3）工具栏："修改"工具栏中的"修剪"按钮 ✂ 。

4）命令行：TRIM。

2. 操作应用

将图 2-70a 所示的图形进行修剪，结果如图 2-70b 所示。

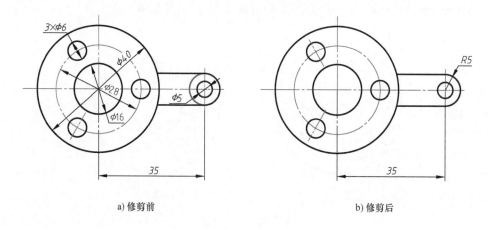

a) 修剪前　　　　　　　　　　　　　　　b) 修剪后

图 2-70　修剪对象

绘制步骤如下：

1）执行"修剪"命令后，命令行提示：

2）直接按〈Enter〉键或〈Space〉键执行"全部选择"命令，即指定图形中的所有对象都可以用作修剪边界，命令行继续提示：

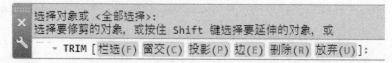

3）单击要修剪的对象（图 2-70a 中红色线），选择修剪对象时系统会重复提示，可选择多个修剪对象，按〈Enter〉键或〈空格 Space〉键或〈Esc〉键退出修剪命令。

2.3.8　延伸对象

将对象精确地延伸到由其他对象定义的边界处，也可以延伸到隐含边界。

2-13　延伸对象

1. 命令启用

1）功能区："默认"选项卡→"修改"面板→"延伸"按钮 ⟶ 延伸 ▾。

2）菜单栏："修改"→"延伸"命令。

3）工具栏："修改"工具栏中的"延伸"按钮 ⟶。

4）命令行：EXTEND。

2. 操作应用

将图 2-71a 所示椭圆框内直线段进行延伸，结果如图 2-71b 所示。

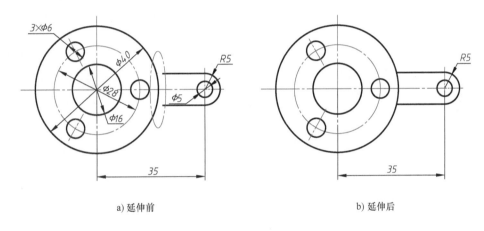

a) 延伸前　　　　　　　　　b) 延伸后

图 2-71　延伸对象

绘制步骤如下：

1）执行"延伸"命令后，命令行提示：

2）直接按〈Enter〉键或〈Space〉键执行"全部选择"，即指定图形中的所有对象都可以用作延伸边界，命令行继续提示：

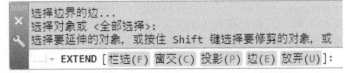

3）单击要延伸的对象（椭圆框内水平直线段），选择延伸对象时系统会重复提示，可选择多个延伸对象，按〈Enter〉键或〈Space〉键或〈Esc〉键退出延伸命令。

2.3.9　圆角命令

圆角即用指定半径的圆弧光滑地将两个对象连接起来，可以对圆弧、椭圆、椭圆弧、直线、多段线、射线、样条曲线和构造线执行圆角操作。

2-14　圆角命令

1. 命令启用

1）功能区："默认"选项卡→"修改"面板→"圆角"按钮 圆角。

2）菜单栏："修改"→"圆角"命令。

3）工具栏："修改"工具栏中的"圆角"按钮。

4）命令行：FILLET。

2. 操作应用

将图 2-72a 所示椭圆框内直线段与 ϕ40mm 圆用圆弧连接起来，结果如图 2-72b 所示。

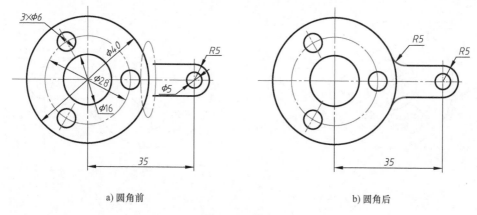

a) 圆角前　　　　　　　　　　　　　　　　b) 圆角后

图 2-72　圆角

绘制步骤如下：

1）执行"圆角"命令后，命令行提示：

2）选择"半径（R）"，根据系统提示指定圆角半径，如输入 5。按〈Enter〉键或〈Space〉键确认，命令行继续提示：

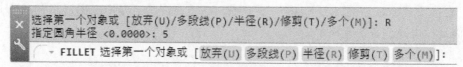

3）根据系统提示，单击选择所需圆角的第一个对象（椭圆框内水平直线段）和第二个对象（ϕ40mm 圆），即可完成圆角操作。

2.3.10　倒角命令

按用户指定的距离和角度给对象加倒角，可以倒角直线、多段线、

2-15　倒角命令

射线和构造线。

1. 命令启用

1）功能区："默认"选项卡→"修改"面板→"倒角"按钮 。

2）菜单栏："修改"→"倒角"命令。

3）工具栏："修改"工具栏中的"倒角"按钮 。

4）命令行：CHAMFER。

2. 操作应用

将图 2-73a 中相交直线段进行倒角，结果如图 2-73b 所示。

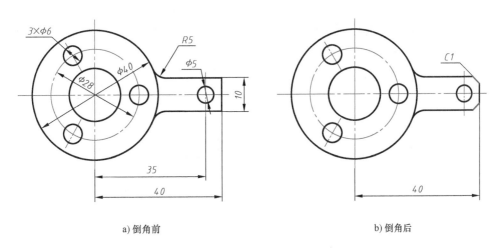

a) 倒角前   b) 倒角后

图 2-73 倒角

绘制步骤如下：

1）执行"倒角"命令后，命令行提示：

```
CHAMFER
("修剪"模式) 当前倒角距离 1 = 2.0000, 距离 2 = 2.0000
CHAMFER 选择第一条直线或 [放弃(U) 多段线(P) 距离(D) 角度(A) 修剪(T) 方式(E) 多个(M)]:
```

2）选择"距离（D）"，根据系统提示分别指定第一个倒角距离和第二个倒角距离，如输入1。按〈Enter〉键或〈Space〉键确认，命令行继续提示：

```
选择第一条直线或 [放弃(U)/多段线(P)/距离(D)/角度(A)/修剪(T)/方式(E)/多个(M)]:  D
指定 第一个 倒角距离 <1.0000>: 1
指定 第二个 倒角距离 <1.0000>: 1
CHAMFER 选择第一条直线或 [放弃(U) 多段线(P) 距离(D) 角度(A) 修剪(T) 方式(E) 多个(M)]:
```

3）根据系统提示，单击选择所需倒角的第一个对象和第二个对象，即可完成倒角操作。

2.3.11 阵列对象

阵列对象包括矩形阵列、路径阵列和环形阵列。对于矩形阵列，可以通过指定行和列的数目以及两者之间的距离来控制阵列后的效果；对于路径阵列，可以通过指定数目以及两者之间的距离来控制阵列后的效果；而对于环形阵列，则需要确定组成阵列的副本数量以及是否旋转副本等。

2.3.11.1 矩形阵列

将对象副本分布到行、列和标高（三维）的任意组合。

1. 命令启用

1）功能区："默认"选项卡→"修改"面板→"阵列"下拉按钮 。 2-16 矩形阵列

2）菜单栏："修改"→"阵列"→"矩形阵列"命令。

3）工具栏："修改"工具栏中的"矩形阵列"按钮 。

4）命令行：ARRAYRECT。

2. 操作应用

将图 2-74a 中的 φ6mm 小圆纵横均匀分布，结果如图 2-74b 所示。

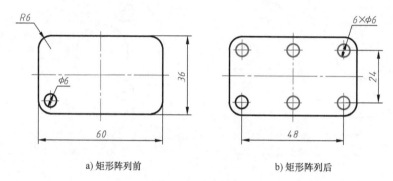

a) 矩形阵列前　　　　　　　　　b) 矩形阵列后

图 2-74　矩形阵列

绘制步骤如下：

1）执行"矩形阵列"命令后，命令行提示：

命令：ARRAYRECT
ARRAYRECT 选择对象：

2）选择要在阵列中使用的对象（φ6mm 的小圆），按〈Enter〉键或〈Space〉键确认，命令行继续提示：

类型 = 矩形　关联 = 是
ARRAYRECT 选择夹点以编辑阵列或 [关联(AS) 基点(B) 计数(COU) 间距(S)
列数(COL) 行数(R) 层数(L) 退出(X)] <退出>：

3）执行"列数（COL）"选项，输入列数和指定列数之间的距离，如输入列数 3，间距 24。命令行提示：

选择夹点以编辑阵列或 [关联(AS)/基点(B)/计数(COU)/间距(S)/列数(COL)/行数(R)/层数(L)/退出(X)] <退出>：COL
输入列数数或 [表达式(E)] <4>：3
ARRAYRECT 指定 列数 之间的距离或 [总计(T) 表达式(E)] <9>：24

4）按〈Enter〉键或〈Space〉键确认，根据命令行提示，选择执行"行数（R）"选项，指定阵列中的行数、对象间的距离以及行之间的增量标高。命令行提示：

选择夹点以编辑阵列或 [关联(AS)/基点(B)/计数(COU)/间距(S)/列数(COL)/行数(R)/层数(L)/退出(X)] <退出>：R
输入行数数或 [表达式(E)] <3>：2
ARRAYRECT 指定 行数 之间的距离或 [总计(T) 表达式(E)] <9>：24

5）按〈Enter〉键或〈Space〉键确认，完成矩形阵列。

2.3.11.2 路径阵列

沿路径或部分路径均匀分布对象副本，路径可以是直线、多段线、三维多段线、样条曲线、螺旋线、圆弧、圆或椭圆。

1. 命令启用

1）功能区："默认"选项卡→"修改"面板→"阵列"下拉按钮 ⬛。

2）菜单栏："修改"→"阵列"→"路径阵列"命令。

3）工具栏："修改"工具栏中的"路径阵列"按钮 ⬛。

4）命令行：ARRAYPATH。

2. 操作应用

将图 2-75a 中的 φ10mm 小圆进行路径阵列，结果如图 2-75b 所示。

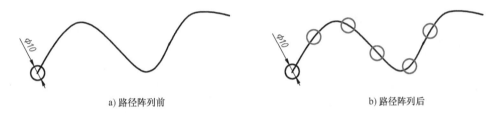

a) 路径阵列前 　　　　　　　　　　　　　　b) 路径阵列后

图 2-75 路径阵列

绘制步骤如下：

1）执行"路径阵列"命令后，命令行提示：

2）在提示下选择在阵列中使用的对象，按〈Enter〉键或〈Space〉键确认，选择样条曲线作为路径曲线，命令行继续提示：

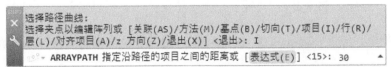

3）选择"项目（I）"选项，指定沿路径的项目之间的距离，如输入 30，命令行继续提示：

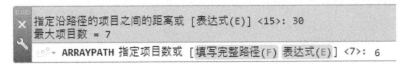

4）按〈Enter〉键或〈Space〉键确认，系统自动计算最大项目数，指定项目数，如输入 6。命令行提示：

```
指定沿路径的项目之间的距离或 [表达式(E)] <15>: 30
最大项目数 = 7
ARRAYPATH 指定项目数或 [填写完整路径(F) 表达式(E)] <7>: 6
```

5）连续按两次〈Enter〉键或〈Space〉键确认。

2.3.11.3 环形阵列

围绕中心点或旋转轴在环形阵列中均匀分布对象副本。

1. 命令启用

1）功能区："默认"选项卡→"修改"面板→"阵列"下拉按钮  。

2-17 环形阵列

2）菜单栏："修改"→"阵列"→"环形阵列"命令。

3）工具栏："修改"工具栏中的"环形阵列"按钮 。

4）命令行：ARRAYPOLAR。

2. 操作应用

将图 2-76a 中的 ϕ6mm 小圆均匀分布在 ϕ28mm 圆上，结果如图 2-76b 所示。

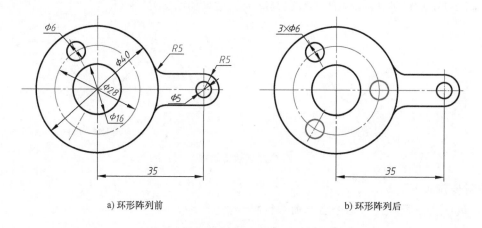

a) 环形阵列前   b) 环形阵列后

图 2-76　环形阵列

绘制步骤如下：

1）打开对象捕捉，勾选捕捉点圆心，执行"环形阵列"命令后，命令行提示：

```
命令: _arraypolar
ARRAYPOLAR 选择对象:
```

2）根据提示，选择 ϕ6mm 的小圆，按〈Enter〉键或〈Space〉键确认，命令行继续提示：

```
类型 = 极轴　关联 = 是
ARRAYPOLAR 指定阵列的中心点或 [基点(B) 旋转轴(A)]:
```

3）根据提示，捕捉 ϕ28mm 的圆心或 ϕ40mm 的圆心单击确定，命令行继续提示：

```
ARRAYPOLAR 选择夹点以编辑阵列或 [关联(AS) 基点(B) 项目(I) 项目间角度(A)
填充角度(F) 行(ROW) 层(L) 旋转项目(ROT) 退出(X)] <退出>:
```

4）根据提示，单击"项目（I）"，命令行继续提示：

```
ARRAYPOLAR 输入阵列中的项目数或 [表达式(E)] <6>:
```

5）输入 3，按〈Enter〉键或〈Space〉键确认，命令行继续提示：

> ☰ ✕ 🔧 ⟳ ▾ **ARRAYPOLAR** 选择夹点以编辑阵列或 [关联(AS) 基点(B) 项目(I) 项目间角度(A)
> 填充角度(F) 行(ROW) 层(L) 旋转项目(ROT) 退出(X)] <退出>: ▲

6）单击"填充角度（F）"，命令行继续提示，输入均匀分布所填充的角度，如 360。按〈Enter〉键或〈Space〉键确认。

> ☰ ✕ 🔧 ⟳ ▾ **ARRAYPOLAR** 指定填充角度(+=逆时针, -=顺时针)或 [表达式(EX)] <360>: ▲

7）若单击"项目间角度（A）"，系统提示指定项目间的角度，如输入 120，按〈Enter〉键或〈Space〉键确认。

> ☰ ✕ 🔧 ⟳ ▾ **ARRAYPOLAR** 指定项目间的角度或 [表达式(EX)] <120>: ▲

2.3.12　删除对象

删除图形中选定的对象。该方法不会将对象移动到剪贴板。

1. 命令启用

1）功能区："默认"选项卡→"修改"面板→"删除"按钮 。

2）菜单栏："修改"→"删除"命令。

3）工具栏："修改"工具栏中的"删除"按钮 。

4）命令行：ERASE。

2. 操作应用

1）执行"删除"命令后，命令行提示：

> ☰ ✕ 命令: ERASE
> ▾ **ERASE** 选择对象:

2）选择要删除的对象，命令行提示：

> ☰ ✕ 选择对象: 找到 1 个
> ▾ **ERASE** 选择对象:

3）命令行继续提示选择对象。在此提示下可继续选择其他要删除的对象，选择完毕后按〈Enter〉键或〈Space〉键确认，命令结束，删除已选择对象。

另外，比删除命令更快捷的删除操作是选择对象后直接按〈Delete〉键，或单击"删除"按钮 ，或右击选择快捷菜单中的"删除"命令。

2.3.13　分解对象

在绘制图形过程中往往需要对复合对象（如矩形、正多边形、尺寸标注、块等）的部件进行修改，此时可将复合对象进行分解。

1. 命令启用

2-18　分解对象

1）功能区："默认"选项卡→"修改"面板→"分解"按钮 。

2）菜单栏："修改"→"分解"命令。

3）工具栏："修改"工具栏中的"分解"按钮 。

4）命令行：EXPLODE。

2. 操作应用

1）执行"分解"命令后，命令行提示：

```
命令: EXPLODE
EXPLODE 选择对象:
```

2）选择要分解的对象，命令行提示：

```
选择对象: 找到 1 个
EXPLODE 选择对象:
```

3）命令行继续提示选择对象。在此提示下可继续选择其他要分解的对象，选择完毕后按〈Enter〉键或〈Space〉键确认，命令结束，分解已选择对象。图 2-77 所示为圆角矩形分解前后夹点显示的情况。

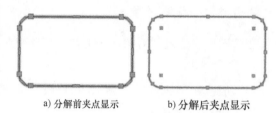

a) 分解前夹点显示   b) 分解后夹点显示

图 2-77　圆角矩形分解

2.3.14　偏移对象

偏移对象可用于创建同心圆、平行线和平行曲线等。可以指定偏移距离或通过一个点偏移对象，偏移对象后，可以使用修剪和延伸这种有效的方式来创建包含多条平行线和曲线的图形。

1. 命令启用

1）功能区："默认"选项卡→"修改"面板→"偏移"按钮 。

2）菜单栏："修改"→"偏移"命令。

3）工具栏："修改"工具栏中的"偏移"按钮 。

4）命令行：OFFSET。

2. 操作应用

将图 2-78a 中的 60mm×36mm 圆角矩形进行偏移，以绘制图 2-78b 中的 36mm×12mm 矩形。

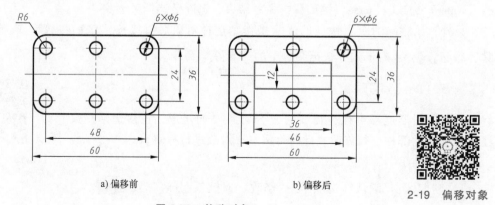

a) 偏移前   b) 偏移后

2-19　偏移对象

图 2-78　偏移对象

绘制步骤如下：

1）执行"偏移"命令后，命令行提示：

2）根据命令行提示指定偏移距离，如输入 12，按〈Enter〉键或〈Space〉键确认，命令行继续提示：

当前设置：删除源=否　图层=源　OFFSETGAPTYPE=0
指定偏移距离或 [通过(T)/删除(E)/图层(L)] <通过>：12
OFFSET 选择要偏移的对象，或 [退出(E) 放弃(U)] <退出>：

3）根据提示选择 60mm×36mm 带圆角的矩形，命令行继续提示指定要偏移的那一侧上的点，在矩形内部空白区域单击确定，按〈Esc〉键退出偏移操作。

2.3.15 打断对象

2.3.15.1 打断

在两点之间打断选定对象。可以在对象上的两个指定点之间创建间隔，从而将对象打断为两个对象。打断命令通常用于为块或文字创建空间。直线、圆弧、椭圆、样条曲线等多种对象类型都可以拆分为两个对象或将其中的一端删除。

1. 命令启用

1）功能区："默认"选项卡→"修改"面板→"打断"按钮。

2）菜单栏："修改"→"打断"命令。

3）工具栏："修改"工具栏中的"打断"按钮。

4）命令行：BREAK。

2. 操作应用

利用打断命令将内螺纹大径进行修剪，如图 2-79 所示。

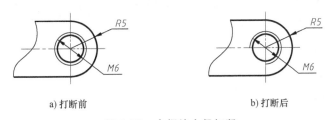

a)打断前　　　　　　　　　　b)打断后

图 2-79　内螺纹大径打断

绘制步骤如下：

1）打开对象捕捉，勾选"最近点"，执行"打断"命令后，命令行提示：

2）选择打断对象，系统默认选择对象单击的位置为第一个打断点，若第一点不满足要求，可选择"第一点（F）"选项，命令行继续提示：

选择对象：
指定第二个打断点 或 [第一点(F)]: F
BREAK 指定第一个打断点：

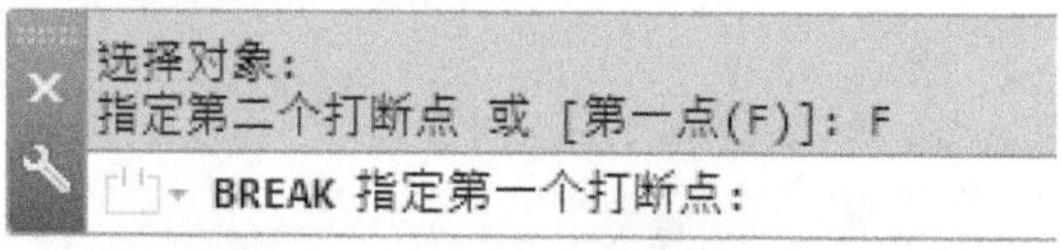

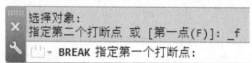

3）在圆上合适位置单击选择第一点，命令行继续提示指定第二个打断点，同样在圆上合适位置单击选择第二点，即可完成打断操作。

2.3.15.2 打断于点

打断于点的作用为在单个点处打断选定的对象。有效对象包括直线、开放的多段线和圆弧，不能在一点打断闭合对象（如圆）。

1. 命令启用

1）功能区：“默认”选项卡→“修改”面板→“打断于点”按钮。

2）工具栏：“修改”工具栏中的“打断于点”按钮。

2-20 打断对象

2. 操作应用

1）打开对象捕捉，勾选“最近点”，执行“打断于点”命令后，命令行提示：

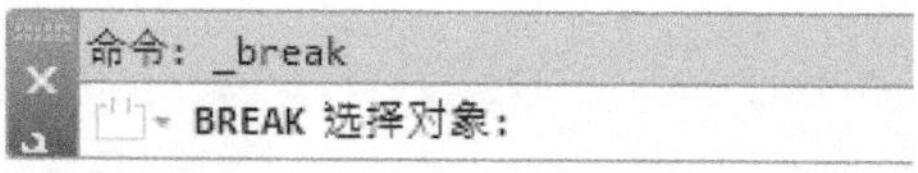

命令：_break
BREAK 选择对象：

2）选择打断对象，系统提示指定第一个打断点，在要求打断的位置单击，系统便可在该断点处将对象打断成相连的两部分，如图 2-80 所示。命令行继续提示：

选择对象：
指定第二个打断点 或 [第一点(F)]: _f
BREAK 指定第一个打断点：

2.3.16 合并对象

合并线性和弯曲对象的端点，以便创建单个对象。构造线、射线和闭合的对象无法合并。

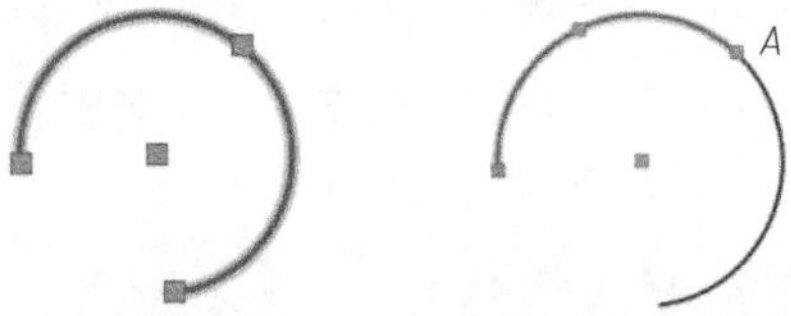

A

a) 打断前　　b) 打断后

图 2-80 打断于点 A

1. 命令启用

1）功能区：“默认”选项卡→“修改”面板→“合并”按钮。

2）菜单栏：“修改”→“合并”命令。

3）工具栏：“修改”工具栏中的“合并”按钮。

4）命令行：JOIN。

2. 操作应用

1）执行“合并”命令后，命令行提示：

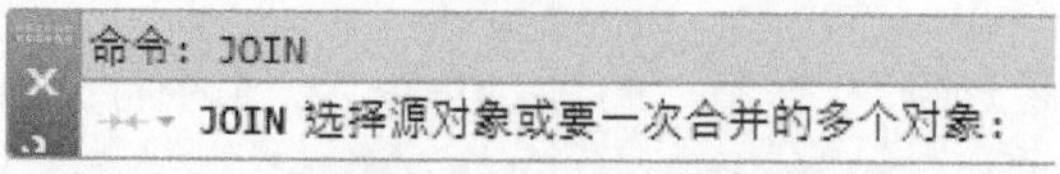

命令：JOIN
JOIN 选择源对象或要一次合并的多个对象：

2-21 合并对象

2）根据提示选择要合并的源对象，命令行继续提示：

选择源对象或要一次合并的多个对象：找到 1 个
JOIN 选择要合并的对象：

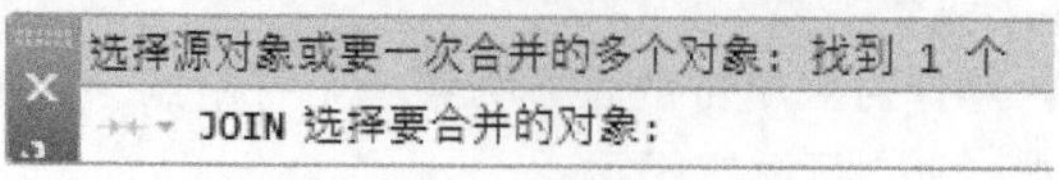

3）根据提示选择要合并的对象，系统一直重复提示选择要合并的对象，按〈Enter〉键或〈Space〉键结束，即可完成合并操作。线段合并如图 2-81 所示。

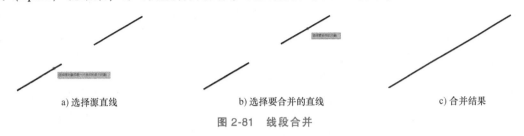

a) 选择源直线　　　　　　　　　　b) 选择要合并的直线　　　　　　　　　c) 合并结果

图 2-81　线段合并

任务2.4　绘制样板图形

手工绘图时，首先要做的工作就是画好图纸裁纸边线、图框线、标题栏等每张图纸必须具备的内容，然后才进行下面的绘图工作。同样，在 AutoCAD 绘制新图样时，每次都要重复一些初始的设置。

AutoCAD 提供了样板图功能，减少了重复设置的工作，所谓样板图是包含了对图形的一些初始设置和预定义参数的图形文件。机械零件图样的绘制一般包括以下步骤：

1）新建空白图形文件。

2）设置绘图环境。

3）设置图层。

4）绘制边界、图框、标题栏等。

5）设置文字样式。

6）设置标注样式。

7）绘制图形。

8）尺寸标注。

9）保存文件。

从机械零件图样的绘制步骤可看出，对于机械图样而言，绘制过程存在许多相同的步骤。因此，在利用 AutoCAD 进行绘图时，可预先设置好通用步骤参数，然后保存为样板文件，以后每次开始新的绘图时，都可以调用该样板文件作为模板，直接利用其保存的绘图参数进行绘图，既可以减少重复设置绘图环境的时间，提高效率，又可以保证专业或设计项目标准的统一。

2.4.1　建立新文件

详见模块 1 任务 1.3 的 "1.3.3AutoCAD2019 图形文件管理" 所述。

2.4.2　环境设置

详见模块 1 任务 1.4 的 "1.4.2AutoCAD2019 绘图环境设置" 所述。

2.4.3　设置图层

在机械图样中经常需要将同一类对象放到同一图层中，以方便管理。图样中常用的线型有粗实线、细实线、点画线、双点画线、虚线等，图层的线型需根据机械制图国家标准设置。机械图样中的线宽一般有两种（粗、细），粗细之比应为 2∶1，常用粗实线线宽为 0.5mm、0.7mm、1.0mm 三种，图幅为 A3、A2 时粗实线可用 0.5mm，图幅为 A1、A0 时粗实线可用 0.7mm。当粗实线线宽选择 0.5mm 时，细实线则选择 0.25mm，线宽特性中"默认"线宽在未做更改时为 0.25mm。图层的特性设置可参照表 2-1。

表 2-1 图层的特性设置

序号	图层名	线型	线宽/mm	颜色
1	粗实线	Continues	0.5	黑（白）
2	细实线	Continues	默认（0.25）	黑（白）
3	尺寸	Continues	默认（0.25）	蓝色
4	文字	Continues	默认（0.25）	黑（白）
5	中心线	CENTER2	默认（0.25）	红色
6	虚线	DASHED2	默认（0.25）	蓝色
7	双细点画线	PHANTOM2	默认（0.25）	红色

注：黑（白）是根据背景颜色相应变化的，若背景色为白色，则图层颜色为黑色；相反，若背景色为黑色，则图层颜色为白色。

2.4.3.1 创建图层

在绘图之前需要先将图层创建和设置好，然后才能清楚地表达和管理图形。通过合理的图层，可快速、方便地绘制和控制图形。

1. 命令启用

1）功能区："默认"选项卡→"图层"面板→"图层特性"按钮。

2）菜单栏："格式"→"图层"命令。

3）工具栏："图层"工具栏中的"图层特性管理器"按钮。

2-22 创建图层

4）命令行：LAYER 或 LA。

2. 操作应用

1）执行"图层"命令后，系统将弹出"图层特性管理器"对话框，如图 2-82 所示。

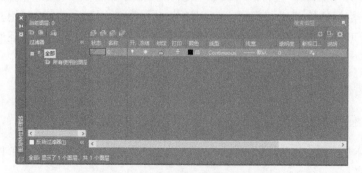

图 2-82 "图层特性管理器"对话框

2）单击"新建图层"按钮，系统将在右侧的窗格中显示新建的图层，默认的名称为"图层 1"，如图 2-83 所示。

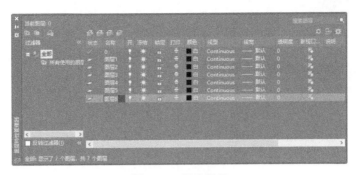

图 2-83 新建图层

3）单击"图层特性管理器"中"名称"列中的图层 1、图层 2……，输入新建图层的名称，如图 2-84 所示。

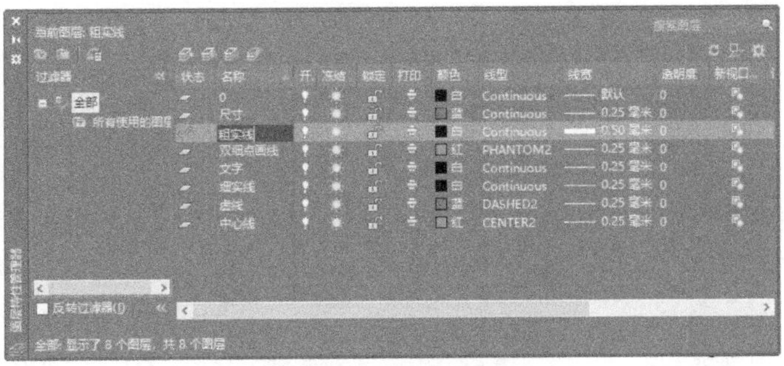

图 2-84 图层重命名

4）单击"图层特性管理器"中"颜色"列的按钮■，系统将弹出如图 2-85 所示的"选择颜色"对话框，设置新建图层的颜色。

5）单击"图层特性管理器"中"线型"列下的 Continuous，系统将弹出如图 2-86 所示的"选择线型"对话框。"已加载的线型"列表框内列出了当前已经加载的线型，在该列表框内选择图层所需要的线型，然后单击"确定"按钮，即可设置图层的线型。

未做任何更改之前，系统默认只加载了 Continuous 一种线型。如果要将图层设置为其他线型，则须先将其他线型加载到"已加载的线型"列表框中。

6）单击"加载"按钮，将弹出如图 2-87 所示的"加载或重载线型"对话框。"可用线型"列表框内列出了所有的可用线型，从中选择要加载的线型，单击"确定"按钮，该线型就会加载到"选择线型"对话框中的"已加载的线型"列表框中。

图 2-85 "选择颜色"对话框

7）单击"图层特性管理器"中"线宽"列下的 —— 默认，系统将弹出如图 2-88 所示的"线宽"对话框。AutoCAD2019 提供了 0.00～2.11mm 的 20 多种规格的线宽。选择"线宽"列表框内的一种线宽，单击"确定"按钮，即可设置图层线宽。

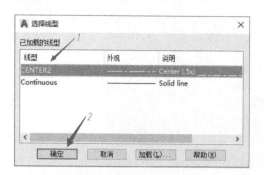

图 2-86 "选择线型"对话框

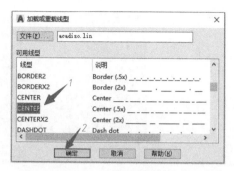

图 2-87 "加载或重载线型"对话框

8）依次完成图层的各种特性设置后，图层信息如图 2-89 所示。

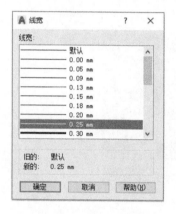

图 2-88 "线宽"对话框

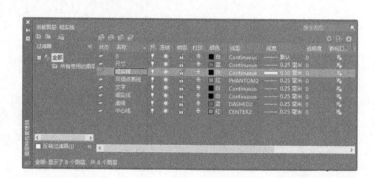

图 2-89 完成图层创建

2.4.3.2 保存图层

在绘制一些较为复杂的图样时，需要创建多个图层并对其进行相关设置。如果下次重新绘制这些图样时，又得重新创建图层并设置图层特性，非常麻烦。那么用 AutoCAD2019 如何保存并输出图层呢？

1. 命令启用

1）功能区："默认"选项卡→"图层"面板→"图层特性"按钮 →"图层状态管理器"按钮 。

2）菜单栏："格式"→"图层状态管理器"命令。

2. 操作应用

1）执行"图层状态管理器"命令后，系统将弹出"图层状态管理器"对话框，如图 2-90 所示。

2）单击"新建"按钮，系统将弹出"要保存的新图层状态"对话框，输入新图层状态名，如"我的图层"，如图 2-91 所示。

3）单击"确定"按钮完成命名，系统返回"图层状态管理器"对话框，对话框中原先灰色（单击无效）的按钮全部亮显（单击有效），如图 2-92 所示。单击"输出"按钮，系统弹出"输出图层状态"对话框，如图 2-93 所示。

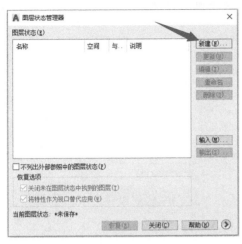

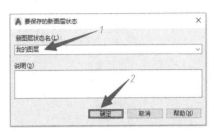

图 2-90 "图层状态管理器"对话框（一）

图 2-91 "要保存的新图层状态"对话框

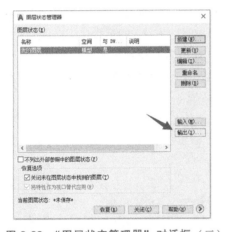

图 2-92 "图层状态管理器"对话框（二）

图 2-93 "输出图层状态"对话框

4）选择图层文件保存的位置，单击"保存"按钮，系统返回"图层状态管理器"对话框，单击对话框"关闭"按钮 ⨯ ，完成图层的输出。

2.4.4 设置文字样式

工程图样中的标题栏、技术要求、尺寸标注等都会用到文字，在此之前进行文字样式的设置是非常有必要的，以满足用户需要。

2-23 设置文字样式

1. 命令启用

1）功能区："默认"选项卡→"注释"面板下拉按钮→"文字样式"按钮 A, 。

2）菜单栏："格式"→"文字样式"命令。

3）工具栏："文字"或"样式"工具栏中的"文字样式"按钮 A, 。

4）命令行：STYLE。

2. 操作应用

1）执行"文字样式"命令后，系统将弹出"文字样式"对话框，如图 2-94 所示。

2）单击"新建"按钮，系统将弹出"新建文字样式"对话框，在"样式名"文本框中输入"机械制图-直体"，如图 2-95 所示。

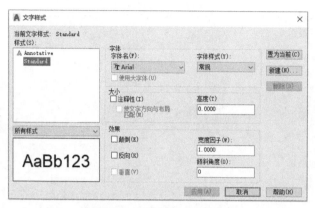

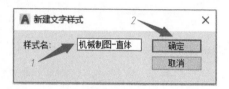

图 2-94　"文字样式"对话框　　　　图 2-95　"新建文字样式"对话框

3）单击"确定"按钮，返回"文字样式"对话框。在"字体名"下拉列表中选择"gbenor.shx"（直体字母与数字），勾选"使用大字体（U）"，"大字体"选择"gbcbig.shx"（长仿宋体）。其他选项使用默认设置，单击"应用"按钮保存，如图 2-96 所示。

4）继续单击"新建"按钮，在弹出的"新建文字样式"对话框中输入"机械制图-斜体"样式名，单击"确定"按钮，返回"文字样式"对话框。在"字体名"下拉列表中选择"gbeitc.shx"（斜体字母与数字），其他选项同上。

5）单击"应用"按钮保存，如图 2-97 所示。单击对话框"关闭"按钮完成文字样式的设置。

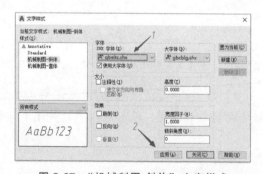

图 2-96　"机械制图-直体"文字样式　　　图 2-97　"机械制图-斜体"文字样式

注：在绘制机械图样过程中，文字标注和尺寸标注常用直体和斜体，以满足用户使用习惯。

2.4.5　创建 A4 样板图形

A4 样板图形的创建过程包括图框、标题栏的绘制以及文字输入。

1. 绘制图框（留有装订边的 X 型图纸）

绘制步骤如下：

2-24　创建 A4 样板图形

1）在"图层"面板中选择"细实线"图层 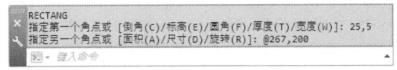，利用"矩形"命令绘制边界线。命令行信息如下：

```
命令: REC RECTANG
指定第一个角点或 [倒角(C)/标高(E)/圆角(F)/厚度(T)/宽度(W)]: 0,0
指定另一个角点或 [面积(A)/尺寸(D)/旋转(R)]: 297,210
```

2）选择"粗实线"图层 ，利用"矩形"命令绘制边框。命令行信息如下：

```
RECTANG
指定第一个角点或 [倒角(C)/标高(E)/圆角(F)/厚度(T)/宽度(W)]: 25,5
指定另一个角点或 [面积(A)/尺寸(D)/旋转(R)]: @267,200
键入命令
```

3）双击鼠标中键（滚轮），图框最大化居中显示，如图 2-98 所示。

图 2-98　绘制图框

注："@"在绘制机械图样过程中表示相对坐标，即相对于前一个点的坐标增量。

"相对直角坐标"是基于上一输入点的，如果知道某点与前一点的位置关系，可以使用相对 X，Y 坐标。要指定相对坐标，应在坐标前添一个"@"符号，如@ 20，30。

"相对极坐标"是通过相对于某一特定点的极径和偏角来表示的，表示为"@ 距离 < 角度"，如"@ 25<45"，其中长度为该点到前一点的距离，角度为该点至前一点的连线与 X 轴正向的夹角，默认情况下，逆时针为正，顺时针为负。

2. 绘制标题栏

为了简化绘图，通常采用简化标题栏，如图 2-99 所示。

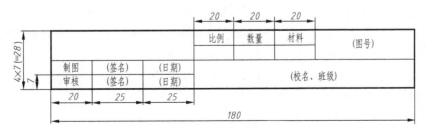

图 2-99　简化标题栏

绘制步骤如下：

1）绘制标题栏外框。选择"粗实线"图层 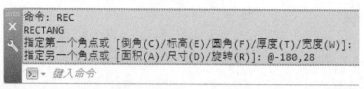，启用"矩形"命令，指定边框右下角端点为第一角点，然后输入"@-180,28"作为另一角点。命令行信息如下：

```
命令：REC
RECTANG
指定第一个角点或 [倒角(C)/标高(E)/圆角(F)/厚度(T)/宽度(W)]：
指定另一个角点或 [面积(A)/尺寸(D)/旋转(R)]：@-180,28
>. - 键入命令
```

2）打开状态栏中的"对象捕捉"按钮、"对象捕捉追踪"按钮和极轴追踪，将光标移到"对象捕捉"按钮上单击鼠标右键，勾选"端点""中点""圆心""交点""范围"和"垂足"。

3）绘制水平内格线 AB。选择"细实线"图层，启用"直线"命令，系统提示"指定第一个点"，将光标移动到标题栏外框左下角点处，出现端点捕捉标记时（不要单击确定），将光标沿垂直线方向移动追踪定位到矩形外，输入 7，如图 2-100 所示。按〈Enter〉键或〈Space〉键确认第一个点（A），然后沿 0°极轴方向捕捉追踪垂足（B），按〈Enter〉键或〈Space〉键确认，内格线 AB 如图 2-101 所示。

图 2-100　捕捉追踪点 A　　　　　　　　　图 2-101　内格线 AB

4）绘制其余水平内格线。启用"偏移"命令向上偏移 2 条内格线，偏移距离全部为 7mm，偏移直线结果如图 2-102 所示。

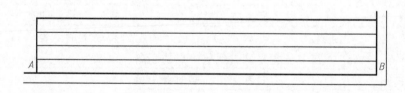

图 2-102　其余水平内格线

5）绘制标题栏垂直内格线。启用"直线"命令，系统提示"指定第一个点"，将光标移动到标题栏外框左下角点处，出现端点捕捉标记时（不要单击确定），将光标沿水平方向移动追踪定位到矩形外，输入 20，如图 2-103 所示。按〈Enter〉键或〈Space〉键确认第一个点（C），然后沿 90°极轴方向捕捉追踪垂足（D），按〈Enter〉键或〈Space〉键确认，内格线 CD 如图 2-104 所示。

6）绘制其余垂直内格线。启用"偏移"命令向右偏移 5 条内格线，偏移距离分别为 25mm、25mm、20mm、20mm、20mm，偏移直线结果如图 2-105 所示。

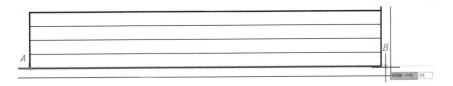

图 2-103　捕捉追踪点 *C*

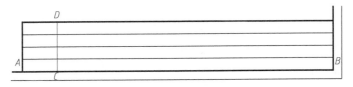

图 2-104　内格线 *CD*

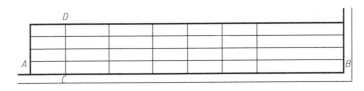

图 2-105　其余垂直内格线

7）修剪多余线段。启用"修剪"命令和"删除"命令，修剪和删除标题栏中多余的线段，结果如图 2-106 所示。

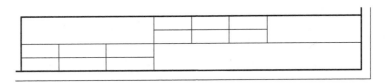

图 2-106　修剪和删除直线段的结果

8）输入标题栏文字。关闭状态栏中的"对象捕捉"按钮 和"对象捕捉追踪"按钮 ，将"文字"层设置为当前层，文字样式选择"机械制图-斜体"。单击"文字"工具栏中的"多行文字"按钮 ，在标题栏中输入文字。结果如图 2-107 所示。

> **注**：为了提高文字输入效率，可利用"复制"命令进行复制文字对象，然后双击文字进行编辑。

2.4.6　设置标注样式

在尺寸标注前，一般先要对标注样

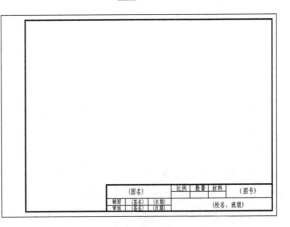

图 2-107　图框和标题栏

式进行设置，如创建新的尺寸标注样式、修改已定义的尺寸标注样式，用于控制尺寸界限、尺寸线、箭头和标注文字的格式、全局标注比例、单位的格式和精度、公差的格式和精度等。

在机械图样中所有的尺寸标注形式应符合国家标准的要求，而默认标注样式有"Standard"和"ISO-25"两个，它们不能满足机械图样的要求，还需要创建多个样式。

1. 命令启用

1）功能区："默认"选项卡→"注释"面板→"标注样式"按钮。

2）菜单栏："格式"→"标注样式"命令。

3）工具栏："样式"工具栏中的"标注样式"按钮。

4）命令行：DIMSTYLE。

2. 创建"机械制图"标注样式

执行"标注样式"命令后，打开如图 2-108 所示的"标注样式管理器"对话框。创建"机械制图"标注样式的操作步骤如下：

1）单击"新建"按钮，弹出如图 2-109 所示的"创建新标注样式"对话框。

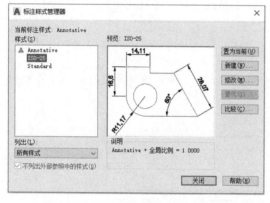
图 2-108 "标注样式管理器"对话框

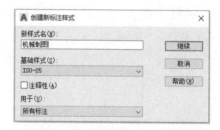
图 2-109 "创建新标注样式"对话框

2）在"新样式名"文本框中输入"机械制图"，单击"继续"按钮，弹出"新建尺寸样式"对话框并打开"线"选项卡，在"基线间距"文本框中输入"8"，即基线标注时两尺寸线之间的距离为8mm；在"超出尺寸线"文本框中输入"3"，即尺寸界线超出尺寸线3mm；将尺寸线和尺寸界线的颜色、线型、线宽的下拉列表选择"ByLayer"，如图 2-110 所示。

3）打开"符号和箭头"选项卡，在"箭头大小"文本框中输入"5"，即箭头的长度为5mm；在"折弯角度"文本框中输入"60"，即半径折弯标注时尺寸线的折弯角度为60°。其他选项保留默认设置，如图 2-111 所示。

4）打开"文字"选项卡，在"文字样式"下拉列表中选择"机械制图-斜体"；在"文字颜色"下拉列表中选择"ByLayer"；在"文字高度"文本框中输入"5"，即字体高度为5mm；在"从尺寸线偏移"文本框中输入"1"，即尺寸文字与尺寸线之间的距离为1mm；在"文字对齐"选择栏中选中"ISO标准"单选按钮，即当标注文字在尺寸界线以内时，将位于尺寸线的正中上方。当标注文字在尺寸界线以外时，将位于一条水平引线上。

其他选项保留默认设置，如图 2-112 所示。

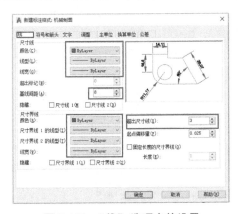

图 2-110 "线"选项卡的设置

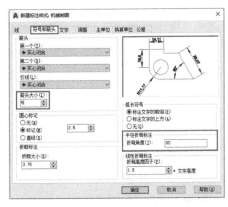

图 2-111 "符号和箭头"选项卡的设置

5）打开"主单位"选项卡，在"线型标注"选项栏的"精度"下拉列表中选择"0.0"；即线型尺寸精确到小数点后一位；在"小数分隔符"下拉列表中选择"."（句点）"。其他选项保留默认设置，如图 2-113 所示。

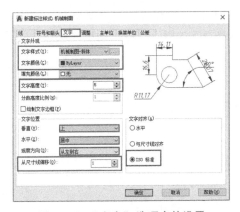

图 2-112 "文字"选项卡的设置

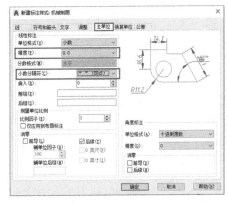

图 2-113 "主单位"选项卡的设置

6）其他选项卡保留默认设置不变，单击"新建标注样式"对话框中的"确定"按钮，完成设置"机械制图"标注样式。在"标注样式管理器"对话框中显示出该样式，如图 2-114 所示。

3. 创建"角度"标注样式

角度尺寸的标注要求文字方向始终水平，位置可置于尺寸线中断处或外侧，角度标注其余参数的选择都与基础样式一样。因此，可在"机械制图"样式下创建一个子样式，用于角度尺寸的标注。具体创建步骤如下：

1）打开"标注样式管理器"对话框，单击"新建"按钮，弹出"创建新标注样

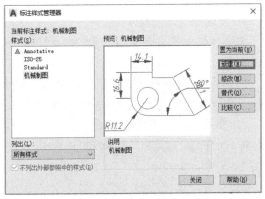

图 2-114 创建"机械制图"标注样式

式"对话框,"基础样式"选择"机械制图","用于"选择"角度标注",如图 2-115 所示。

2)单击"继续"按钮,开始"机械制图:角度"子样式的设置,打开"文字"选项卡,只对"文字"选项卡相关选项或参数更改,在"文字位置"的"垂直"下拉列表中选择"居中",在"文字对齐"选择栏中选中"水平"单选按钮,如图 2-116 所示。

图 2-115 "创建新标注样式"对话框

图 2-116 设置"角度"标注
文字的对齐方式

3)单击"确定"按钮,返回"标注样式管理器"对话框,在"机械制图"中增加了适用于"角度"的标注样式。选中"机械制图"中的"角度"标注样式,单击鼠标右键,在弹出的标注样式快捷菜单中选择"重新命名"选项,如图 2-117 所示。将"角度"标注样式重新命名为"角度标注"标注样式,回车后该样式成为独立的标注样式,如图 2-118 所示。

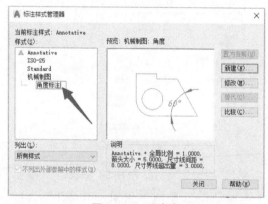

图 2-117 重命名

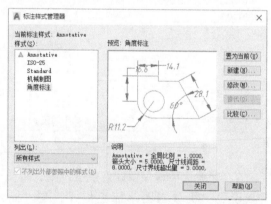

图 2-118 完成"角度标注"标注样式创建

4. 创建"线性直径"标注样式

非圆视图上的直径需用"线性"标注工具标注尺寸,但 φ 不能自动添加,可以创建新样式用于此类尺寸的标注。具有创建步骤如下:

1)打开"标注样式管理器"对话框,单击"新建"按钮,弹出"创建新标注样式"对话框,在"基础样式"下拉列表中选择"机械制图",在"用于"下拉列表中选择"所有标注",新样式命名为"线性直径",如图 2-119 所示。单击"继续"按钮,开始"线性直径"标注样式的设置,打开"主单位"选项卡,在"前缀"文本框中用英文输入法输入"%%C",如图 2-120 所示。

2)打开"文字"选项卡,在"文字对齐"选择栏中选中"与尺寸线对齐"单选按钮,如图 2-121 所示。

3）单击"确定"按钮，返回"标注样式管理器"对话框，样式中增加了适用于"线性直径"的标注样式，如图2-122所示。

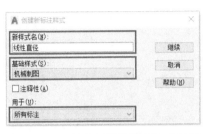

图 2-119 "创建新标注样式"对话框

图 2-120 添加前缀

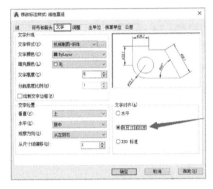

图 2-121 设置文字对齐方式

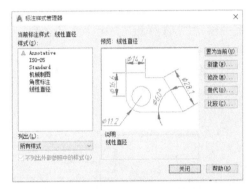

图 2-122 创建"线性直径"标注样式

5. 创建"直径"标注子样式

对于直径标注，标注在圆内时，一般要求尺寸线要完整。在使用"机械制图"样式标注圆时，尺寸线显示不完整，可以建立新子样式用于圆的直径标注。具体创建步骤如下：

1）打开"标注样式管理器"对话框，单击"新建"按钮，弹出"创建新标注样式"对话框，在"基础样式"下拉列表框中选择"机械制图"，在"用于"下拉列表框中选择"直径标注"，如图2-123所示。

2）单击"继续"按钮，开始"机械制图：直径"子样式的设置，打开"调整"选项卡，在"调整选项"中选中"文字"，其余选项均不做修改，如图2-124所示。

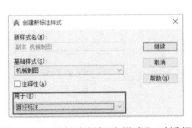

图 2-123 "创建新标注样式"对话框

图 2-124 "机械制图：直径"样式参数设置

3）单击"确定"按钮，返回"标注样式管理器"对话框，"机械制图"样式中增加了"直径"的标注样式，如图 2-125 所示。

2.4.7 保存样板文件

保存样板文件的操作步骤如下：

1）选择菜单"文件"→"另存为"选项，弹出"图形另存为"对话框，在"文件名"文本框中输入"A3样板"，在"文件类型"下拉菜单中选择"AutoCAD 图形样板（＊.dwt）"选项，如图 2-126 所示。

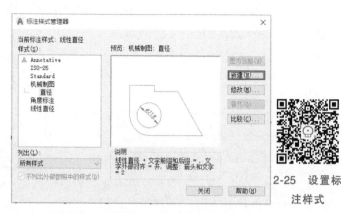

图 2-125 创建"直径"标注子样式

2）单击"保存"按钮，弹出如图 2-127 所示的"样板选项"对话框，在"说明"栏内输入"A3样板"，单击"确定"按钮，完成 A3 样板图形的创建。

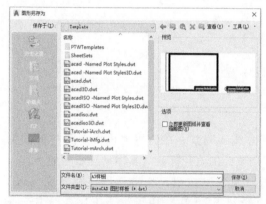

图 2-126 保存样板图形文件

图 2-127 "样板选项"对话框

2.4.8 创建表面粗糙度符号

在机械图样中，对表面结构的要求可用表面结构代号标注在图中，表面结构代号一般由图形符号、参数代号（如 Ra、Rz）和参数值组成，零件图中常用的表面结构代号如图 2-128 所示。图形符号的画法如图 2-129 所示，若图中尺寸标注文字高度 h 选择 5mm，则块中文字高度选择 3.5mm，$H_1 = 1.4h = 7mm$，$H_2 = 15mm$，横线长度一般可取 5～12mm。表面结构代号创建步骤如下：

图 2-128 表面结构代号

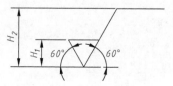

图 2-129 图形符号的画法

1. 表面结构图形绘制

1）新建空白文档。将"默认"选项卡中"特性"面板中的颜色、线型、线宽特性都设置为"ByLayer"。将"默认"选项卡中"注释"面板下拉列表中的"文字样式"设置为"机械制图-斜体"。

2-26 创建表面粗糙度符号

2）选择"默认"选项卡中"图层"面板中的"细实线"图层

细实线，按照图2-129所示绘制表面结构图形符号（不标尺寸），用"多行文字"命令添加表面粗糙度代号Ra，文字高度为3.5mm，如图2-130a所示。

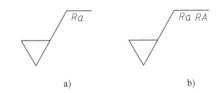

a)   b)

图2-130 创建表面结构图块

2. 创建块

1）单击"插入"选项卡→"块定义"面板→"定义属性"按钮，弹出"属性定义"对话框，为表面粗糙度块定义属性，如图2-131所示。

① 在"模式"选项组中选择"锁定位置"复选框，其余选项不选。

② 在"属性"选项组中的"标记"文本框中输入"RA"作为该属性的标记，"提示"文本框中输入"请输入属性值"，"默认"文本框中输入"RA"。

③ 在"文字设置"选项组中，"对正"选择"左对齐"，"文字样式"选择"机械制图-斜体"，"文字高度"输入"3.5"，"旋转"选项默认为"0"。

④ 单击"确定"按钮返回到绘图界面，移动鼠标到合适位置并单击，确定文字位置，效果如图2-130b所示。

2）单击"插入"选项卡→"块定义"面板→"写块"按钮，弹出"写块"对话框，如图2-132所示。

① 在"源"选项组中选择"对象"单选按钮。

② 单击"拾取点"按钮，返回绘图界面，按图2-133所示指定块的插入点。

③ 单击"选择对象"按钮，返回绘图界面，用框选方式将图形和属性全部选中，按〈Enter〉键或〈Space〉键可返回"写块"对话框。

图2-131 定义表面粗糙度块属性

④ 单击"目标"选项组中的"浏览"按钮，指定块的存放位置和名称，将块命名为"表面结构"，如图2-134所示。

⑤ 单击"确定"按钮，创建了一个外部块。

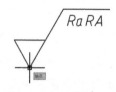

图 2-132 "写块"对话框　　　图 2-133 拾取插入点　　　图 2-134 创建外部块

任务2.5 练 习 题

1. 绘制如图 2-135 所示图形。

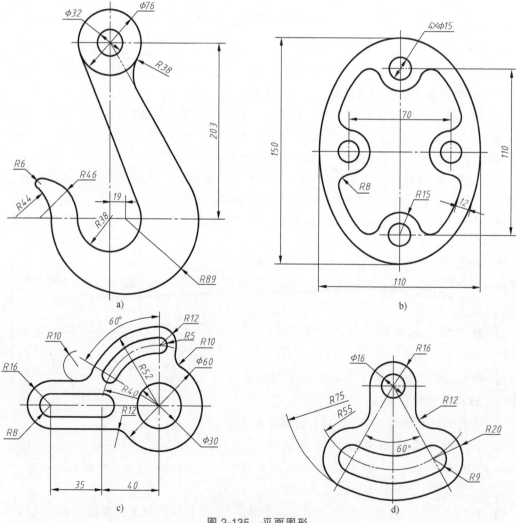

图 2-135 平面图形

2. 分别创建"A1 样板""A2 样板""A3 样板"图形文件。

学习目标

1）掌握常用标准件的绘制方法和步骤。
2）掌握轴套类零件的绘制方法和步骤。
3）掌握盘盖类零件的绘制方法和步骤。
4）掌握箱体类零件的绘制方法和步骤。

学习重点

1）零件结构及画法分析。
2）各种绘图命令、修改命令和尺寸标注命令的应用。

学习难点

1）零件绘制步骤和技巧。
2）零件图的合理布局以及尺寸标注。

任务 3.1　绘制标准件

标准件是指结构、尺寸、画法、标记等各个方面已经完全标准化，并由专业企业生产的常用零（部）件，如螺纹紧固件、键、销等。对于这部分零（部）件，在机械制图中不需要绘制零件图，只需要标注所需要的标准件代号和规格参数即可。

本任务主要学习常用标准件简图的画法，其主要应用于装配图中螺纹连接、键连接、销连接等情况，按照 1∶1 的比例进行绘制。在实际应用中，可根据装配图绘图比例进行缩放。

3.1.1　绘制螺母

1. 零件分析

六角螺母通常采用一个主视图和一个左视图进行视图表达，主视图采用半剖视图，如图 3-1 所示。在装配图中，螺母常采用简化画法，倒角等省略不画。

2. 零件绘制

以 GB/T 6170—2015 1 型六角螺

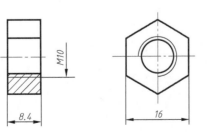

图 3-1　M10 六角螺母（GB/T 6170—2015）

3-1　M10 六角螺母

母为例，绘制公称直径 M10 的六角螺母。具体绘制步骤如下：

1）加载"A4 样板"图形文件。

2）打开状态栏中的"动态输入""极轴追踪""对象捕捉"和"线宽"功能，右击"极轴追踪"，选择"90,180,270,360..."；在"默认"选项卡的"图层"面板中选择"中心线"图层 ⚏ ☀ 🔓 ■中心线 ▼ ；使用"直线"命令，绘制长度为 12mm 的中心线一条和长度为 23mm 的正交中心线两条，如图 3-2 所示。

3）选择"粗实线"图层 ⚏ ☀ 🔓 ■粗实线 ▼ ，使用"多边形"命令绘制螺母左视图正六边形。再使用"缩放"命令，通过参照（R）的方式，把正六边形缩放至两对边之间的距离为 16mm，如图 3-3 所示。

图 3-2　绘制中心线　　　　　　　　　　图 3-3　绘制螺母左视图轮廓

4）使用"圆"命令，绘制直径为 8.4mm（注：M10 螺母小径为 8.376mm，一般采用直径为 8.5mm 的钻头钻底孔，在这里为了方便绘图，因此绘制 ϕ8.4mm 圆孔）和 10mm 的同心圆。使用"修剪"命令，修剪 ϕ10mm 的圆，使之成为 3/4 圆。选中该 3/4 圆，并选择"细实线"图层 ⚏ ☀ 🔓 ■细实线 ▼ ，如图 3-4 所示。

5）使用"直线"命令，在螺母主视图中绘制两条间距为 8.4mm 的竖直线，如图 3-5 所示。

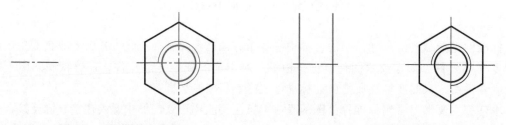

图 3-4　完善螺母左视图　　　　　　　图 3-5　绘制螺母主视图两条轮廓线

6）绘制螺母主视图其余轮廓线，如图 3-6 所示。

7）使用"修剪"命令修剪螺母主视图轮廓，如图 3-7 所示。

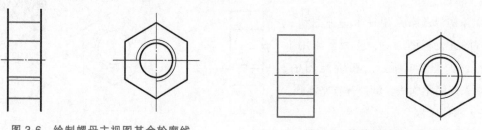

图 3-6　绘制螺母主视图其余轮廓线　　　　图 3-7　修剪螺母主视图轮廓

8）使用"图案填充"命令，选择"ANSI31"图案，在螺母主视图下方轮廓区域单击拾取内部点，按〈Enter〉键或〈Space〉键完成45°剖面线的绘制，如图3-8所示。

图3-8　图案填充

3. 尺寸标注

1）打开"标注样式管理器"对话框，将"机械制图"标注样式中"主单位"选项卡中"测量单位比例"的"比例因子"设置为"1"，如图3-9所示。

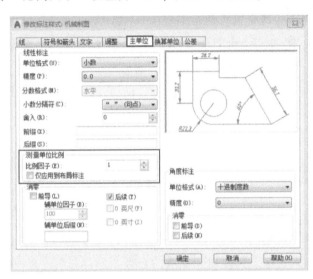

图3-9　设置测量单位比例

2）选择"尺寸"图层 ；在"默认"选项卡的"注释"面板中选择"机械制图"标注样式，或在"注释"选项卡的"标注"面板中选择"机械制图"标注样式；单击"线性"标注按钮，或命令行输入"DIMLINEAR"，根据命令行提示标注线性尺寸。同时使用"分解"命令，将M10尺寸分解，删除一侧尺寸界线和箭头，通过"夹点"功能缩短尺寸线，如图3-10所示。

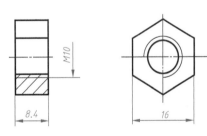

图3-10　标注尺寸

3.1.2　绘制螺栓

3.1.2.1　M10×25 六角头螺栓（GB/T 5783—2016）的绘制

1. 零件分析

GB/T 5783—2016 六角头螺栓为全螺纹螺栓，公称直径 M10 的全螺纹螺栓的公称长度范围为 20~100mm，M10×25 代表公称直径为 10mm、公称长度为 25mm 的六角头螺栓。

六角头螺栓通常采用一个主视图和一个左视图进行视图表达，如图 3-11 所示。一般采用简化画法，螺栓头部倒角和螺纹末端倒角则省略不画。

87

2. 零件绘制

M10×25 六角头螺栓的绘制步骤如下：

1）加载"A4样板"图形文件。

2）打开状态栏中的"动态输入""极轴追踪""对象捕捉"和"线宽"功能，右击"极轴追踪"，选择"90,180,270,360..."；在

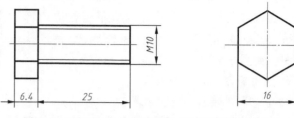

图 3-11　M10×25 六角头螺栓（GB/T 5783—2016）

"默认"选项卡的"图层"面板中选择"中心线"图层 💡☀️🔓 ⬛中心线 ▼；使用"直线"命令，绘制长度为 35mm 的中心线一条和长度为 23mm 的正交中心线两条，如图 3-12 所示。

图 3-12　绘制中心线

3）选择"粗实线"图层 💡☀️🔓 ⬛粗实线 ▼，使用"多边形"命令，输入侧面数 6，绘制螺栓头正六边形。再使用"缩放"命令，通过参照（R）的方式，把正六边形缩放至两对边之间的距离为 16mm，如图 3-13 所示。

图 3-13　绘制螺栓头正六边形

4）使用"直线"命令，开启"极轴追踪""对象捕捉"和"对象捕捉追踪"功能，根据已知尺寸绘制出螺栓主视图上半部分主要轮廓线，如图 3-14 所示。

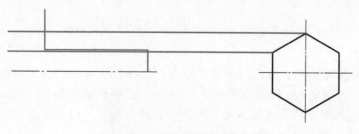

图 3-14　绘制主视图主要轮廓线

5）使用"偏移"命令，偏移出一条竖直线，偏移距离为6.4mm，如图3-15所示。

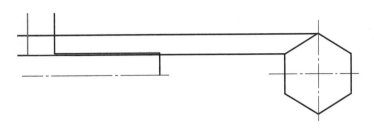

图 3-15　偏移直线

6）使用"延伸"命令，连续按两次〈Enter〉键或〈Space〉键，选择两条竖直线延伸至回转轴线，按〈Enter〉键或〈Space〉键确认，如图3-16所示。

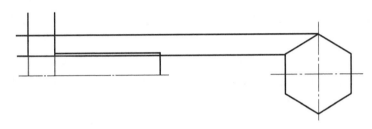

图 3-16　延伸直线

7）使用"修剪"命令修剪主视图上半部分轮廓，如图3-17所示。

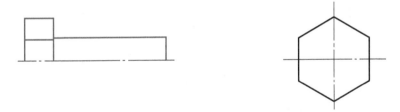

图 3-17　修剪轮廓

8）使用"偏移"命令，偏移出一条水平线，偏移距离为0.8mm（注：M10普通螺纹小径为8.376mm，在这里为了便于绘图，偏移0.8mm，即小径为8.3mm）。选择偏移出的水平直线，然后选择"细实线"图层，变更线段线型，以作为螺纹牙底线，如图3-18所示。

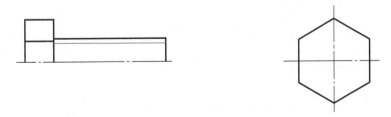

图 3-18　绘制螺纹牙底线

9）使用"镜像"命令，绘制螺栓主视图的下半部分图形，如图3-19所示。

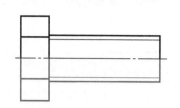
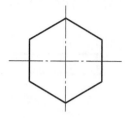

图 3-19 镜像图形

3. 尺寸标注

1）打开"标注样式管理器"对话框，将"机械制图"标注样式中"主单位"选项卡中"测量单位比例"的"比例因子"设置为"1"。

2）选择"尺寸"图层 ![图层]；在"默认"选项卡的"注释"面板中选择"机械制图"标注样式，或在"注释"选项卡的"标注"面板中选择"机械制图"标注样式；单击"线性"标注按钮，或命令行输入"DIMLINEAR"，在指定螺栓外螺纹两个尺寸界线点后，输入"t"，按〈Enter〉键或〈Space〉键，输入"M10"，按〈Enter〉键，单击鼠标左键确认，完成螺纹外径尺寸的标注。其他线性尺寸选择"线性"标注命令进行标注，如图 3-20 所示。

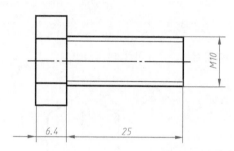
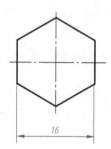

图 3-20 标注尺寸

3.1.2.2 M12×60 六角头螺栓（GB/T 5782—2016）的绘制

1. 零件分析

GB/T 5782—2016 六角头螺栓为非全螺纹螺栓，当公称长度 $l \leqslant 125$mm 时，螺纹有效长度 b 为 30mm。公称直径 M12 的非全螺纹螺栓的公称长度范围为 50～120mm，M12×60 代表公称直径为 12mm、公称长度为 60mm 的六角头螺栓。

六角头螺栓通常采用一个主视图和一个左视图进行视图表达，如图 3-21 所示。一般采用简化画法，螺栓头部倒角、螺纹末端倒角和螺纹收尾则省略不画。

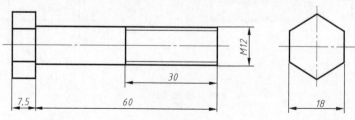

图 3-21 M12×25 六角头螺栓（GB/T 5782—2016）

2. 零件绘制

M12×60 六角头螺栓的绘制步骤如下：

3-2　M12×60
六角头螺栓

1）加载"A4样板"图形文件。

2）打开状态栏中的"极轴追踪""对象捕捉"和"对象捕捉追踪"开关，右击"极轴追踪"，选择"90,180,270,360..."；选择"中心线"图层 ![中心线] ，使用"直线"命令，绘制长度为75mm的中心线一条和长度为25mm的正交中心线两条，如图3-22所示。

图 3-22　绘制中心线

3）选择"粗实线"图层 ![粗实线] ，使用"多边形"命令，输入侧面数6，绘制螺栓头正六边形。再使用"缩放"命令，通过参照（R）的方式，把正六边形缩放至两对边之间的距离为18mm，如图3-23所示。

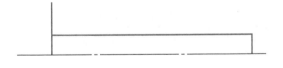

图 3-23　绘制螺栓头正六边形

4）使用"直线"命令，根据尺寸绘制螺栓主视图上半部分的3条轮廓线，并利用夹点编辑功能进行编辑修改，如图3-24所示。

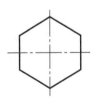

图 3-24　绘制主视图上半部分3条轮廓线

5）使用"偏移"命令，偏移出一条竖直线，偏移距离为7.5mm，如图3-25所示。

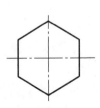

图 3-25　偏移直线

91

6）使用"直线"命令，根据主视图与左视图高平齐特性绘制两条水平线，如图 3-26 所示。

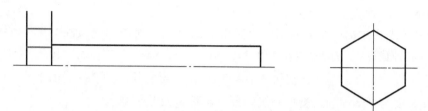

图 3-26   完善主视图轮廓

7）使用"修剪"命令修剪主视图上半部分轮廓，如图 3-27 所示。

图 3-27   修剪轮廓

8）使用"偏移"命令，从主视图右端偏移出一条竖直线以作为螺纹终止线，偏移距离为 30mm，如图 3-28 所示。

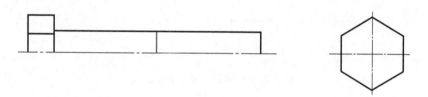

图 3-28   绘制螺纹终止线

9）按〈Enter〉键或〈Space〉键继续偏移，偏移出一条水平线，偏移距离为 0.95mm（注：M12 普通螺纹小径为 10.106mm，在这里为了便于绘图，偏移 0.95mm，即小径为 10.1mm）。使用"修剪"命令修剪偏移直线以作为螺纹牙底线，选择修剪后的偏移水平直线，选择"细实线"图层以变更其线型，如图 3-29 所示。

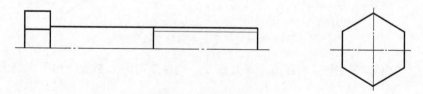

图 3-29   绘制螺纹牙底线

10）使用"镜像"命令，绘制螺栓主视图的下半部分图形，如图 3-30 所示。

3．尺寸标注

1）打开"标注样式管理器"对话框，将"机械制图"标注样式中"主单位"选项卡中"测量单位比例"的"比例因子"设置为"1"。

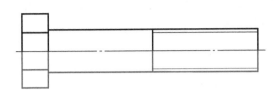

图 3-30 镜像图形

2）选择"尺寸"图层 ；在"默认"选项卡的"注释"面板中选择"机械制图"标注样式，或在"注释"选项卡的"标注"面板中选择"机械制图"标注样式；单击"线性"标注按钮，或命令行输入"DIMLINEAR"，在指定螺栓外螺纹两个尺寸界线点后，输入"m"，按〈Enter〉键或〈Space〉键，接着在"12"前输入"M"，单击鼠标左键确认，完成螺纹外径尺寸的标注。其他线性尺寸选择"线性"标注命令进行标注，如图 3-31 所示。

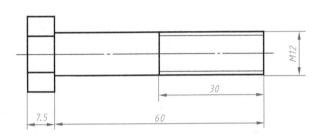
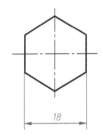

图 3-31 标注尺寸

3.1.3 绘制双头螺柱

1. 零件分析

双头螺柱通常采用一个主视图进行视图表达，如图 3-32 所示。在装配图中，双头螺柱常采用简化画法，倒角等省略不画。

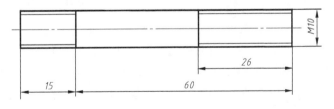

图 3-32 M10×60 双头螺柱（GB/T 899—1988）

2. 零件绘制

以 GB/T 899—1988 $b_m = 1.5d$ 双头螺柱为例，绘制公称尺寸为 M10×60 的双头螺柱。当 M10 双头螺柱的公称长度为 40~120mm 时，旋螺母长度 b 为 26mm，即螺纹有效长度为 26mm。具体绘制步骤如下：

1）加载"A4 样板"图形文件。

2）打开状态栏中的"动态输入""极轴追踪""对象捕捉"和"线宽"

3-3 M10×60
双头螺柱

功能，右击"极轴追踪"，选择"90，180，270，360…"；选择"中心线"图层 🔘☀🔓 ▪ 中心线 ⏷ ，使用"直线"命令，绘制长度为80mm的中心线一条，如图3-33所示。

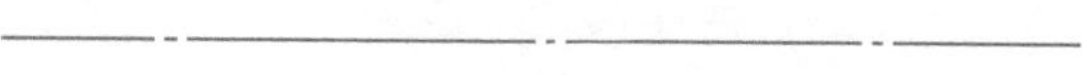

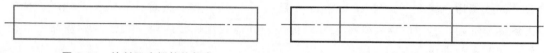

图3-33 绘制中心线

3）选择"粗实线"图层 🔘☀🔓 ▪ 粗实线 ⏷ ，使用"直线"命令，绘制长度为75mm、宽度为10mm的长方形，作为双头螺柱外形，如图3-34所示。

4）使用"偏移"命令，偏移出两条竖直线以作为螺纹终止线，偏移距离分别为15mm和26mm，如图3-35所示。

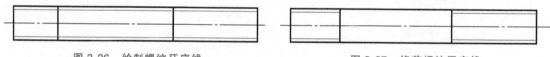

图3-34 绘制双头螺柱外轮廓 　　　　图3-35 绘制螺纹终止线

5）按〈Enter〉键或〈Space〉键继续偏移，偏移出两条水平线，偏移距离为0.8mm（注：M10普通螺纹小径为8.376mm，在这里为了便于绘图，偏移0.8mm，即小径为8.4mm）。选择偏移后的两条水平直线，并选择"细实线"图层以变更其线型，如图3-36所示。

6）使用"修剪"命令，修剪图形的中间部分，作为螺纹牙底线，如图3-37所示。

图3-36 绘制螺纹牙底线 　　　　图3-37 修剪螺纹牙底线

3. 尺寸标注

1）打开"标注样式管理器"对话框，将"机械制图"标注样式中"主单位"选项卡中"测量单位比例"的"比例因子"设置为"1"。

2）选择"尺寸"图层 🔘☀🔓 ▪ 尺寸 ⏷ ；在"默认"选项卡的"注释"面板中选择"机械制图"标注样式，或在"注释"选项卡的"标注"面板中选择"机械制图"标注样式；单击"线性"标注按钮，或命令行输入"DIMLINEAR"，在指定外螺纹两个尺寸界线点后，输入"m"，按〈Enter〉键或〈Space〉键，接着在"10"前输入"M"，单击鼠标左键确认，完成双头螺柱外径尺寸的标注。其他线性尺寸选择"线性"标注命令进行标注，如图3-38所示。

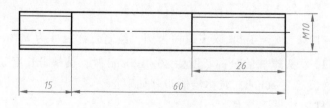

图3-38 标注尺寸

3.1.4 绘制垫圈

1. 零件分析

垫圈一般采用一个主视图和一个左视图进行视图表达，主视图采用全剖视图，如图 3-39 所示。

2. 零件绘制

以 GB/T 97.1—2002 A 级平垫圈为例，其具体参数：垫圈内径（公称）为 10.5mm，外径（公称）为 20mm，垫圈厚度（公称）为 2mm。具体绘制步骤如下：

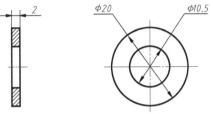

3-4 A 级平垫圈

图 3-39 A 级平垫圈（GB/T 97.1—2002）

1）加载"A4 样板"图形文件。

2）打开状态栏中的"动态输入""极轴追踪""对象捕捉"和"线宽"功能，右击"极轴追踪"，选择"90,180,270,360..."；选择"中心线"图层 🔵☀️🔓⬜中心线   ▼ ，使用"直线"命令，绘制长度为 6mm 的中心线一条和长度为 24mm 的正交中心线两条，如图 3-40 所示。

3）选择"粗实线"图层 🔵☀️🔓⬛粗实线   ▼ ，使用"圆"命令，以中心线交点为圆心，分别绘制直径为 10.5mm 和 20mm 的同心圆，如图 3-41 所示。

图 3-40 绘制中心线   图 3-41 绘制左视图

4）根据主视图与左视图高平齐特性和已知尺寸，使用"直线"命令，在主视图中绘制长度为 2mm、宽度为 20mm 的矩形。使用"偏移"命令，偏移出两条水平线，偏移距离为 4.75mm，如图 3-42 所示。

5）使用"图案填充"命令，选择"ANSI31"图案，在垫圈主视图剖切区域单击拾取内部点，按〈Enter〉键或〈Space〉键完成 45°剖面线的绘制，如图 3-43 所示。

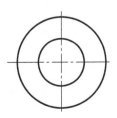

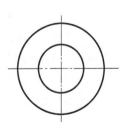

图 3-42 绘制主视图轮廓   图 3-43 填充主视图

3. 尺寸标注

1）打开"标注样式管理器"对话框，将"机械制图"标注样式中"主单位"选项卡中"测量单位比例"的"比例因子"设置为"1"。

2）选择"尺寸"图层 ⚙🔆🔓⬛尺寸 ▾；选择直径和线性标注工具或命令分别标注直径尺寸和线性尺寸，如图3-44所示。

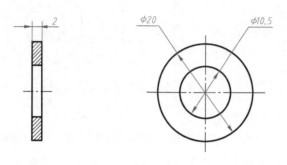

图 3-44　标注尺寸

3.1.5　绘制平键

1. 零件分析

平键通常采用一个主视图和一个俯视图进行视图表达，如图3-45所示。在装配图中，平键常采用简化画法，倒角省略不画。

2. 零件绘制

以 GB/T 1096—2003 键 6×6×20 为例，其参数：宽度为6mm，高度为6mm，长度为20mm。具体绘制步骤如下：

1）加载"A4样板"图形文件。

2）打开状态栏中的"动态输入""极轴追踪""对象捕捉"和"线宽"功能，右击"极轴追踪"，选择"90,180,270,360…"；选择"中心线"图层

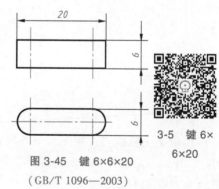

图 3-45　键 6×6×20
（GB/T 1096—2003）

⚙🔆🔓⬛中心线 ▾，使用"直线"命令，绘制间距为14mm、长度为12mm的两组竖直中心线，再在下方过中心线中点绘制长度为26mm的水平中心线一条，如图3-46所示。

3）选择"粗实线"图层 ⚙🔆🔓⬛粗实线 ▾，使用"圆"命令，以中心线的交点为圆心，在俯视图中绘制两个直径为6mm的圆；使用"直线"命令绘制两条与圆相切的直线，如图3-47所示。

4）使用"修剪"命令，连续按两次〈Enter〉键或〈Space〉键，修剪圆的内侧部分，如图3-48所示。

5）根据主视图与俯视图长对正特性，使用"矩形"命令绘制与俯视图对正的长度为20mm、宽度为6mm的矩形，如图3-49所示。

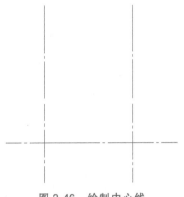

图 3-46　绘制中心线

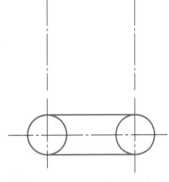

图 3-47　绘制俯视图轮廓

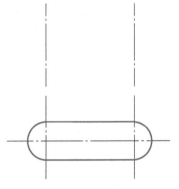

图 3-48　修剪俯视图

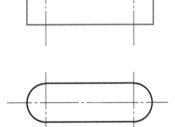

图 3-49　绘制主视图

3. 尺寸标注

1）打开"标注样式管理器"对话框，将"机械制图"标注样式中"主单位"选项卡中"测量单位比例"的"比例因子"设置为"1"。

2）选择"尺寸"图层 ；在"默认"选项卡的"注释"面板中选择"机械制图"标注样式，或在"注释"选项卡的"标注"面板中选择"机械制图"标注样式；单击"线性"标注按钮，或命令行输入"DIMLINEAR"，根据命令行提示标注线性尺寸，如图 3-50 所示。

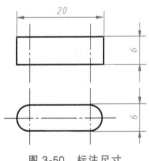

图 3-50　标注尺寸

3.1.6　绘制弹簧

1. 零件分析

弹簧常采用剖视图的方式表达，以主视图为主，如图 3-51 所示。

2. 零件绘制

以 GB/T 2089—2009 YA　1×10×40 普通圆柱螺旋压缩弹簧为例，其参数：材料直径为 1mm，弹簧中径为 10mm，自由高度为 40mm，有效圈数为 8.5 圈，节距约为 4.5mm。具体绘制步骤如下：

1）加载"A4 样板"图形文件。

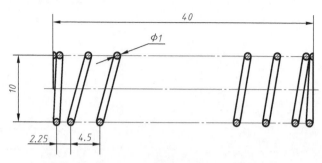

图 3-51　YA 1×10×40 弹簧（GB/T 2089—2009）

2）打开状态栏中的"动态输入""极轴追踪""对象捕捉"和"线宽"功能，右击"极轴追踪"，选择"90,180,270,360..."；选择"中心线"图层  ，使用"直线"命令，绘制尺寸为 10mm×40mm 的矩形，再绘制一条长度为 46mm 的水平中心线，如图 3-52 所示。

3-6　YA 1×10×40 弹簧

3）选择"粗实线"图层  ，使用"圆"命令，在矩形框的左端绘制两组相切、直径为 1mm 的圆，下侧距两端 0.5mm 处分别绘制直径为 1mm 的圆，如图 3-53 所示。

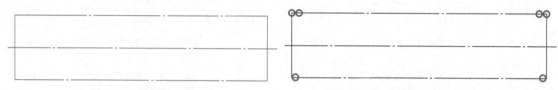

图 3-52　绘制中心线

图 3-53　绘制两端弹簧簧丝截面轮廓

4）使用"复制"命令，在弹簧的上侧两端各复制两组间距为 4.5mm 的圆，下侧先复制一组间距为 2.25mm 的圆，然后再分别复制一组和两组间距为 4.5mm 的圆，如图 3-54 所示。

图 3-54　复制其余弹簧簧丝截面轮廓

5）使用"直径"命令，绘制弹簧丝轮廓；修剪左、右两端多余的弹簧丝截面轮廓线，如图 3-55 所示。

6）使用"图案填充"命令，选择"ANSI31"图案，在 ϕ1mm 的圆内单击拾取内部点，按〈Enter〉键或〈Space〉键完成弹簧丝截面轮廓的填充，如图 3-56 所示。

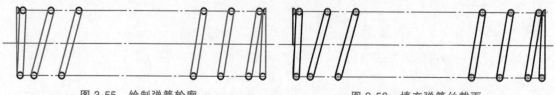

图 3-55　绘制弹簧轮廓

图 3-56　填充弹簧丝截面

3. 尺寸标注

1）打开"标注样式管理器"对话框，将"机械制图"标注样式中"主单位"选项卡中"测量单位比例"的"比例因子"设置为"1"。

2）选择"尺寸"图层 ；在"默认"选项卡的"注释"面板中选择"机械制图"标注样式，并使用相应的标注命令标注尺寸，如图3-57所示。

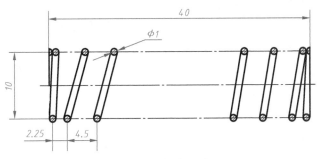

图 3-57　标注尺寸

任务3.2　绘制典型零件

零件图是设计部门提交给生产部门的重要技术文件。它不仅反映了设计者的设计意图，而且表达了零件的各种技术要求，如表面粗糙度、尺寸公差和几何公差等。一张完整的零件图包括图框、周边、标题栏、一组图形、尺寸和技术要求。

3.2.1　绘制轴套

1. 零件分析

轴套属于回转类零件，通常采用一个主视图来表达，如图3-58所示。其主视图上下对称，画出其上半部分图形，使用"镜像"命令可快速生成下半部分图形，提高了图形绘制速度。

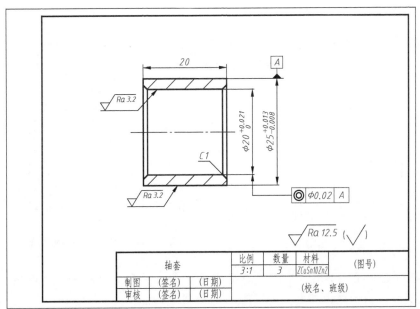

图 3-58　轴套零件图

2. 零件绘制

具体绘制步骤如下：

3-7 绘制
轴套

1）加载"A4样板"图形文件。

2）打开状态栏中的"动态输入""极轴追踪""对象捕捉"和"线宽"功能，右击"极轴追踪"，选择"90,180,270,360..."；选择"中心线"图层  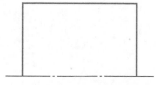，使用"直线"命令，绘制一条长度为 30mm 的中心线，如图 3-59 所示。

3）选择"粗实线"图层 ，根据已知尺寸，使用"直线"命令绘制三条轮廓线，如图 3-60 所示。

图 3-59　绘制中心线

图 3-60　绘制外轮廓线

4）使用"偏移"命令绘制两条竖直线和一条水平线，竖直线的偏移距离为 1mm，水平线的偏移距离为 10mm，如图 3-61 所示。

5）使用"修剪"命令修剪多余的线段，将偏移后的细点画线移动至粗实线图层，如图 3-62 所示。

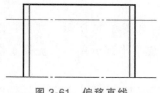

图 3-61　偏移直线

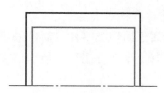

图 3-62　修剪线段

6）右击"极轴追踪"按钮，选择"45,90,135,180..."。使用"直线"命令，过交点绘制与水平线夹角为 45°的直线，如图 3-63 所示。

7）使用"镜像"命令，镜像轴套下半部分图形，如图 3-64 所示。

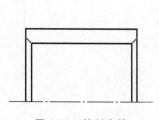

图 3-63　绘制直线

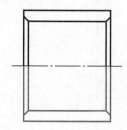

图 3-64　镜像图形

8）选择"细实线"图层，使用"图案填充"命令，选择"ANSI31"图案，在轴套上下两处断面区域单击拾取内部点，按〈Enter〉键或〈Space〉键完成 45°剖面线的绘制，如图 3-65 所示。

9）使用"缩放"命令，将图形放大3倍。

10）打开"标注样式管理器"对话框，将所有样式中的测量单位比例因子改为"1/3"，如图3-66所示。

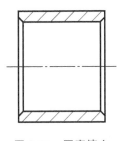

图3-65 图案填充

图3-66 设置比例因子

11）选择"机械制图"标注样式，使用"线性"标注命令标注线性尺寸；使用"直线"命令绘制倒角指引线，并使用"多行文字"命令标注倒角尺寸，如图3-67所示。

12）按〈Enter〉键或〈Space〉键继续标注，在指定尺寸线位置之前，输入"m"，按〈Enter〉键或〈Space〉键，进入多行文字编辑状态。在直径数值前输入"%%C"，在其后输入"上极限偏差数值^下极限偏差数值"，如"+0.013^-0.008"，然后选择数值后的所有字符，并单击文字编辑器中的"堆叠" $\frac{b}{a}$ ，单击鼠标左键确认，完成某一个公差尺寸的标注。其他公差尺寸的标注按同样标注方法，如图3-68所示。

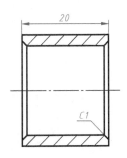

图3-67 标注线性尺寸和倒角尺寸

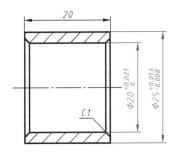

图3-68 标注公差尺寸

13）使用"插入块"命令，插入表面粗糙度符号和基准符号（注：其创建步骤与表面粗糙度块的创建步骤相同，用户可提前自行创建），如图3-69所示。

14）使用"快速引线"命令，在指定第一个引线点前输入S，按〈Enter〉键或〈Space〉键确认后，系统弹出"快速引线设置"对话框，切换到公差选项，然后单击"确定"按钮，在线性直径ϕ20mm的尺寸界限处指定第一个引线点，完成引线后按〈Enter〉键或〈Space〉键确认，系统自动弹出"形位公差⊖"对话框，标注同轴度几何公差，如图 3-70 所示。

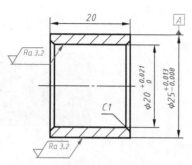

图 3-69　标注表面粗糙度和基准符号

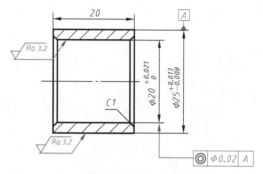

图 3-70　标注几何公差符号

3.2.2　绘制挡圈

1. 零件分析

挡圈由圆柱面、圆锥面和平面构成，只有一个全剖主视图，如图 3-71 所示。其主视图上下对称，可先绘制其上半部分图形，再使用"镜像"命令绘制下半部分图形。

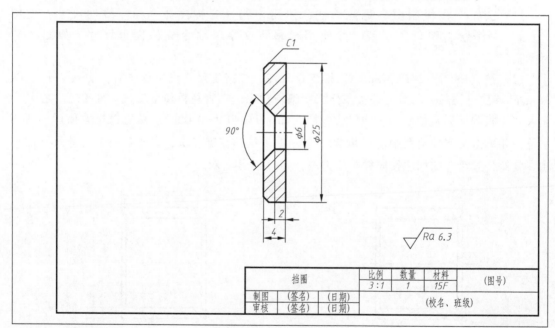

图 3-71　挡圈零件图

2. 零件绘制

具体绘制步骤如下：

1）加载"A4 样板"图形文件。

3-8　绘制
挡圈

⊖　形位公差在现行标准中称为几何公差，但鉴于引号中的形位公差为软件自带，故不改。

2）打开状态栏中的"动态输入""极轴追踪""对象捕捉"和"线宽"功能，右击"极轴追踪"，选择"90,180,270,360..."；选择"粗实线"图层 ，使用"直线"命令绘制一条长度约为 10mm 的水平线，如图 3-72 所示。

3）按〈Enter〉键或〈Space〉键沿用"直线"命令，根据已知尺寸绘制挡圈上半部外形轮廓线，如图 3-73 所示。

4）使用"偏移"命令绘制圆柱孔轮廓线，如图 3-74 所示。

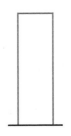

图 3-72　绘制水平线　　　　　图 3-73　绘制外轮廓线　　　　　图 3-74　绘制圆柱孔轮廓线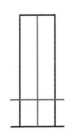

5）使用"修剪"命令修剪多余的线段，如图 3-75 所示。

6）使用"直线"命令绘制圆锥孔轮廓线，如图 3-76 所示。

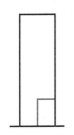 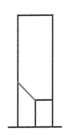

图 3-75　修剪多余线段　　　　　　　　　图 3-76　绘制圆锥孔轮廓线

7）使用"倒角"命令对图形进行倒角处理，如图 3-77 所示。

8）使用"图案填充"命令，选择"ANSI31"图案，在截面区域单击拾取内部点，按〈Enter〉键或〈Space〉键完成 45°剖面线的绘制，如图 3-78 所示。

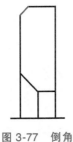

图 3-77　倒角　　　　　　　　　　图 3-78　图案填充

9）使用"镜像"命令将整个图形镜像到另一侧，如图 3-79 所示。

10）选择对称直线，然后选择"中心线"图层 ，变更其线型，如图 3-80 所示。

图 3-79　镜像图形

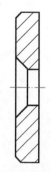

图 3-80　变更线型

11）选择"机械制图"标注样式，使用"线性"标注命令完成所有线性尺寸的标注，如图 3-81 所示。

12）选择"线性直径"标注样式，使用"线性"标注命令标注带直径符号的线性尺寸，如图 3-82 所示。

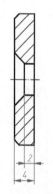

图 3-81　标注线性尺寸

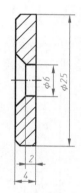

图 3-82　标注线性直径尺寸

13）选择"细实线"图层 ，使用"直线"命令，绘制 45°倒角指引线；使用"多行文字"命令，输入"C1"，完成倒角尺寸的标注，如图 3-83 所示。

14）选择"角度标注"标注样式，使用"角度"标注命令标注角度尺寸，如图 3-84 所示。

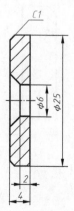

图 3-83　标注倒角尺寸

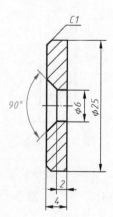

图 3-84　标注角度尺寸

3.2.3 绘制衬套

1. 零件分析

衬套属于回转类零件，通常采用一个主视图来表达，如图 3-85 所示。其主视图上下对称，画出其上半部分图形，使用"镜像"命令可快速生成下半部分图形。绘制主视图上半部分图形需要用到直线、修剪、偏移等命令。

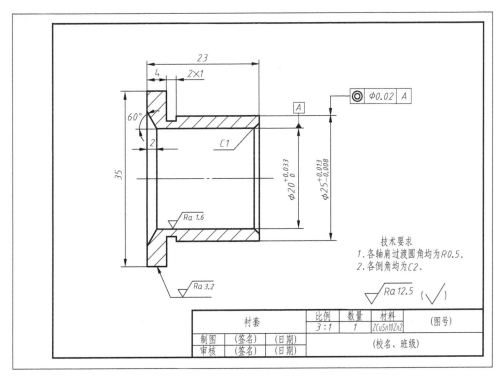

图 3-85 衬套零件图

2. 零件绘制

具体绘制步骤如下：

1）加载"A4 样板"图形文件。

2）打开状态栏中的"动态输入""极轴追踪""对象捕捉"和"线宽"功能，右击"极轴追踪"，选择"90,180,270,360..."；选择"中心线"图层 🔆 ✳ 🔓 ■中心线 ▼，使用"直线"命令，绘制一条长度约为 30mm 的中心线，如图 3-86 所示。

图 3-86 绘制中心线

3）选择"粗实线"图层 🔆 ✳ 🔓 □粗实线 ▼，按〈Enter〉键或〈Space〉键沿用"直线"命令，从左到右依次绘制 5 条直线，如图 3-87 所示。

4）使用"偏移"命令绘制一条竖直线和一条水平线，偏移距离分别为 2mm、1mm，如图 3-88 所示。

105

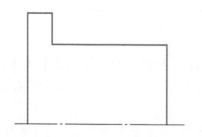

图 3-87 绘制外轮廓线

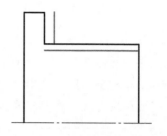

图 3-88 偏移直线

5）使用"延伸"命令，连续按两次〈Enter〉键或〈Space〉键，选择两条短竖直线以延长至临近的水平线，按〈Enter〉键或〈Space〉键确认，如图 3-89 所示。

6）使用"修剪"命令修剪退刀槽多余线段，如图 3-90 所示。

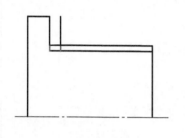

图 3-89 延伸线段

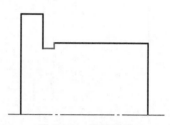

图 3-90 修剪线段

7）使用"偏移"命令，输入偏移距离 10mm，以水平中心线为偏移对象，偏移出水平直线，如图 3-91 所示。

8）选择偏移后的水平直线，再选择"粗实线"图层以变更其线型，如图 3-92 所示。

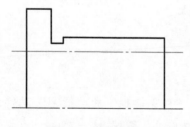

图 3-91 偏移直线

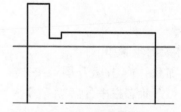

图 3-92 变更线型

9）使用"倒角"命令，将修剪模式改为"不修剪"，倒角分别为 60°和 45°，如图 3-93 所示。

10）使用"修剪"命令，修剪与倒角相交的水平直线的多余线段，如图 3-94 所示。

11）使用"直线"命令，从倒角端点处绘制竖直线，如图 3-95 所示。

12）使用"镜像"命令，绘制衬套的下半部轮廓，如图 3-96 所示。

13）选择"细实线"图层 ，使用"图案填充"命令，选择"ANSI31"图案，在衬套上下两处断面区域单击拾取内部点，按〈Enter〉键或〈Space〉键完成 45°剖面线的绘制，如图 3-97 所示。

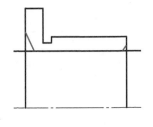

图 3-93 倒角

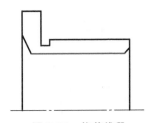

图 3-94 修剪线段

图 3-95 绘制竖直线

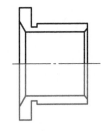

图 3-96 镜像图形

14）使用"缩放"命令，将图形放大 3 倍。

15）打开"标注样式管理器"对话框，将所有样式中的测量单位比例因子改为"1/3"，如图 3-98 所示。

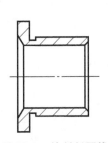

图 3-97 绘制剖面线

图 3-98 设置比例因子

16）选择"机械制图"标注样式，使用"线性"标注命令完成所有线性尺寸的标注；选择"线性直径"标注样式，使用"线性"标注命令标注衬套最大的直径尺寸；双击退刀槽尺寸数字，进入文字编辑状态，输入"2×1"，如图 3-99 所示。

17）使用"直线"命令绘制倒角指引线；使用"多行文字"命令，输入"C1"，完成倒角尺寸的标注，如图 3-100 所示。

18）选择"角度标注"标注样式，使用"角度"标注命令标注角度尺寸，如图 3-101 所示。

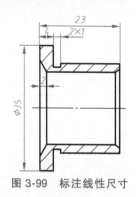

图 3-99　标注线性尺寸

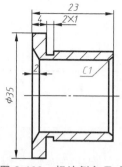

图 3-100　标注倒角尺寸

19）选择"机械制图"标注样式，在指定尺寸线位置之前，输入"m"，按〈Enter〉键或〈Space〉键，进入多行文字编辑状态。在直径数值前输入"%%C"，在其后输入"上极限偏差数值^下极限偏差数值"，如"+0.013^-0.008"，然后选择数值后的所有字符，单击文字编辑器中的"堆叠" $\frac{b}{8}$，单击鼠标左键确认，完成某一个公差尺寸的标注。其他公差尺寸的标注按同样标注方法，如图 3-102 所示。

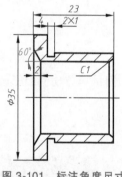

图 3-101　标注角度尺寸

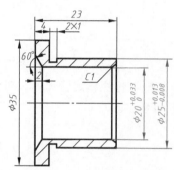

图 3-102　标注公差尺寸

20）使用"插入块"命令，插入表面粗糙度符号和基准符号，如图 3-103 所示。

21）使用"快速引线"命令，在指定第一个引线点前输入 S，按〈Enter〉键或〈Space〉键确认后，系统弹出"快速引线设置"对话框，切换到公差选项，然后单击"确定"按钮，在线性直径 φ25 的尺寸界限处指定第一个引线点，完成引线后按〈Enter〉键或〈Space〉键确认，系统自动弹出"形位公差"对话框，标注同轴度几何公差，如图 3-104 所示。

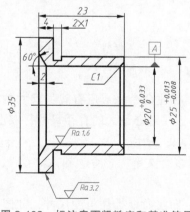

图 3-103　标注表面粗糙度和基准符号

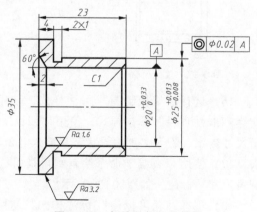

图 3-104　标注几何公差符号

3.2.4 绘制大垫片

1. 零件分析

大垫片的内外轮廓相似，呈O形，上面分布了6个大圆和2个小圆，如图3-105所示。由于图形简单，只采用一个主视图表达。主视图上下对称，可先绘制其上半部分图形，再使用"镜像"命令绘制下半部分图形。

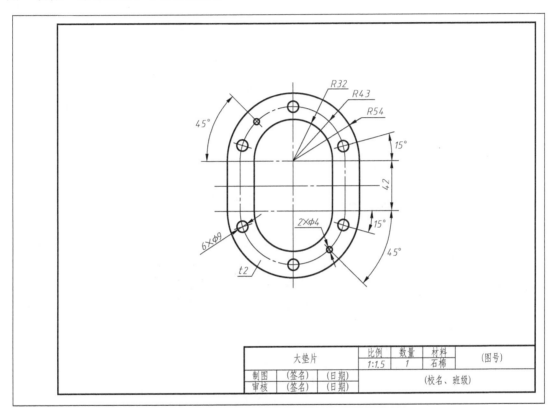

图 3-105　大垫片零件图

2. 零件绘制

具体绘制步骤如下：

1）加载"A4样板"图形文件。

2）打开状态栏中的"动态输入""极轴追踪""对象捕捉"和"线宽"功能，右击"极轴追踪"，选择"90,180,270,360…"；选择"中心线"图层 ▢ ▢ ▢ 中心线 ▾，使用"直线"命令，绘制3条中心线，如图3-106所示。

3）使用"圆弧"命令绘制一段半圆弧中心线，如图3-107所示。

4）使用"直线"命令绘制与圆弧相切的竖直线；使用"偏移"命令，以圆弧中心线和两条切线为基准，分别向内、外偏移两条相连线段，偏移距离为11mm，如图3-108所示。

5）选择"中心线"图层，根据圆的定位角度右击选择极轴追踪角度，使用"直线"命令绘制圆的定位直线；使用"圆"命令，以定位直线与定位圆弧的交点为圆心绘制3个大圆和1个小圆，如图3-109所示。

109

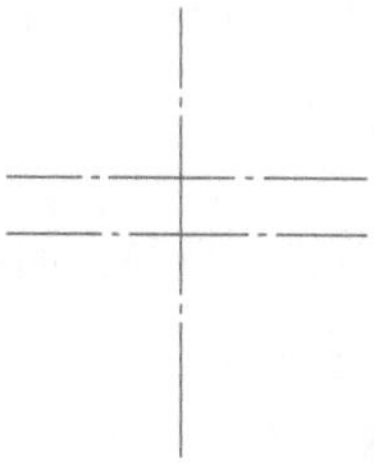

图 3-106　绘制中心线

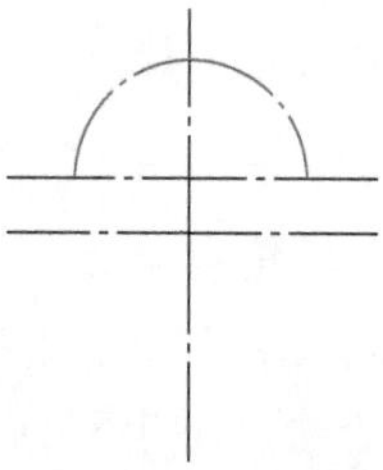

图 3-107　绘制半圆弧

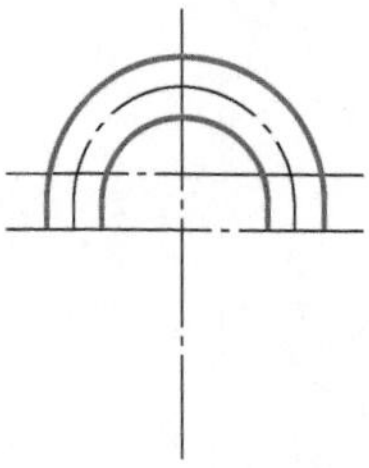

图 3-108　偏移线段

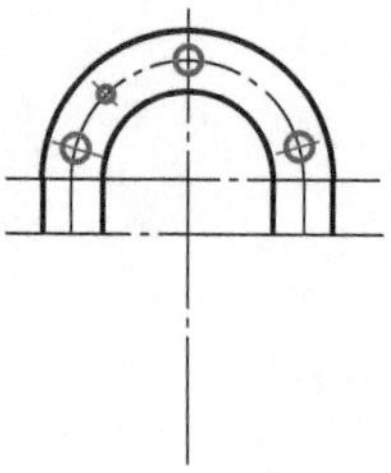

图 3-109　绘制大圆和小圆

6）使用“镜像”命令，绘制大垫片的下半部轮廓，如图 3-110 所示；再将销孔镜像到另一侧，选择“删除源对象”，按〈Enter〉键或〈Space〉键确认。

7）使用“缩放”命令，输入比例因子 0.6667，将图形缩小。

8）打开“标注样式管理器”对话框，将所有样式中的测量单位比例因子改为“1.5”。

9）选择“机械制图”标注样式，分别使用“半径”和“直径”标注命令标注半径尺寸和直径尺寸。双击大孔直径尺寸，进入文字编辑状态，在“ϕ9”前输入“6×”，单击“关闭文字编辑器”按钮并按〈Esc〉键退出文字编辑器。销孔尺寸的标注按同样标注方法，如图 3-111 所示。

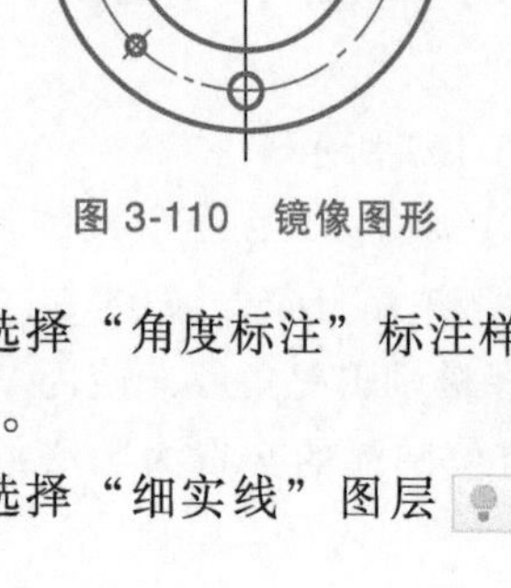

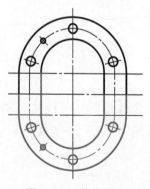

图 3-110　镜像图形

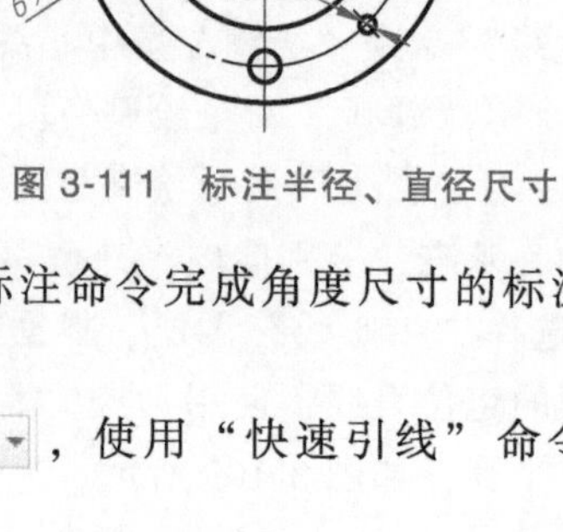

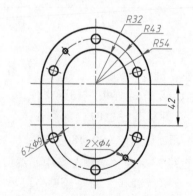

图 3-111　标注半径、直径尺寸

10）选择“角度标注”标注样式，使用“角度”标注命令完成角度尺寸的标注，如图 3-112 所示。

11）选择“细实线”图层 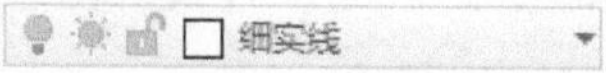

，使用“快速引线”命令，输入

"S"，按〈Enter〉键或〈Space〉键，设置箭头的类型为"无"，单击"确定"按钮，绘制引线，使用"多行文字"命令，输入"t2"，按〈Enter〉键或〈Space〉键确认，完成大垫片厚度的标注，如图 3-113 所示。

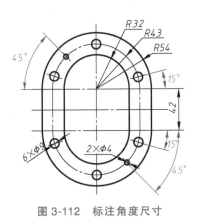

图 3-112　标注角度尺寸

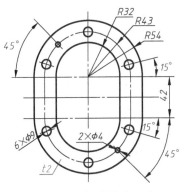

图 3-113　标注厚度尺寸

3.2.5　绘制调节螺钉

1. 零件分析

调节螺钉由圆柱面、倒角、平面和螺纹构成，通常采用一个主视图和一个断面图来表达，如图 3-114 所示。

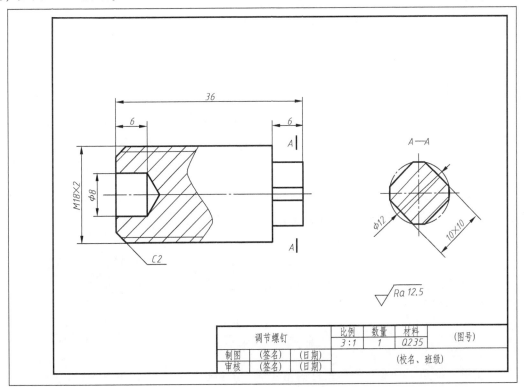

图 3-114　调节螺钉零件图

2. 零件绘制

具体绘制步骤如下：

1）加载 "A4样板" 图形文件。

2）打开状态栏中的 "动态输入" "极轴追踪" "对象捕捉" 和 "线宽" 功能，右击 "极轴追踪"，选择 "90,180,270,360…"；选择 "中心线" 图层 ![中心线图层], 使用 "直线" 命令，绘制两条中心线；使用 "圆" 命令，以中心线的交点为圆心绘制中心线圆，如图3-115所示。

3）选择 "粗实线" 图层 ![粗实线图层], 使用 "多边形" 命令，输入边数4，选择 "外切于圆" 选项，绘制边长为10mm的正方形；使用 "旋转" 命令，选择该正方形，以中心线的交点为基点，输入旋转角度45°，按〈Enter〉键或〈Space〉键确认完成旋转操作，如图3-116所示。

图3-115　绘制中心线

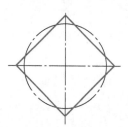

图3-116　绘制并旋转正方形

4）使用 "直线" 命令，过正方形与圆的交点绘制直线，如图3-117所示。

5）使用 "修剪" 命令修剪多余的线段，如图3-118所示。

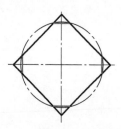

图3-117　绘制直线

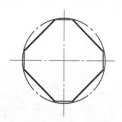

图3-118　修剪线段

6）使用 "直线" 命令，根据主视图与左视图高平齐的特性绘制一条40mm的水平基准线，再从左到右绘制长度分别为9mm、30mm、9mm的直线，如图3-119所示。

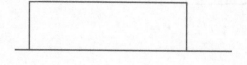

图3-119　绘制直线

7）使用 "倒角" 命令对图形进行倒角处理，倒角距离为2mm，如图3-120所示。

8）使用 "偏移" 命令绘制一条竖直线，偏移距离为6mm，如图3-121所示。

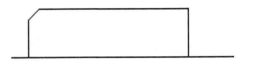

图 3-120 倒角

图 3-121 偏移直线

9）使用"直线"命令绘制主视图右侧轮廓，如图 3-122 所示。

图 3-122 绘制主视图右侧轮廓

10）使用"偏移"命令，以水平基准线和左侧竖直线为偏移对象绘制一条水平线和一条竖直线，偏移距离分别为 4mm、6mm，如图 3-123 所示。

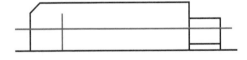

图 3-123 偏移直线

11）右击"极轴追踪"按钮，选择"30，60，90，120…"。使用"直线"命令，绘制与水平线夹角为 60°的直线，如图 3-124 所示。

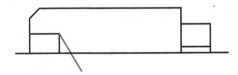

图 3-124 绘制直线

12）使用"修剪"命令修剪多余的线段，如图 3-125 所示。

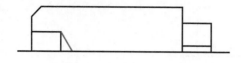

图 3-125　修剪线段

13）选择"细实线"图层 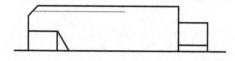，使用"直线"命令，过倒角中点绘制一条长度合适的水平线，如图 3-126 所示。

图 3-126　绘制直线

14）使用"镜像"命令，绘制主视图的下半部轮廓，如图 3-127 所示。

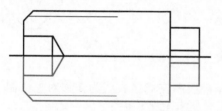

图 3-127　镜像图形

15）使用"样条曲线"命令绘制一条样条曲线，如图 3-128 所示。

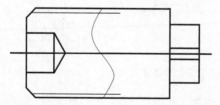

图 3-128　绘制样条曲线

16）使用"修剪"命令修剪多余的线段，如图 3-129 所示。

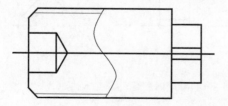

图 3-129　修剪线段

17）选择主视图的水平对称线，然后选择"中心线"图层 ，变更其线型，如图 3-130 所示。

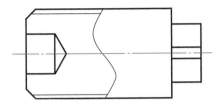

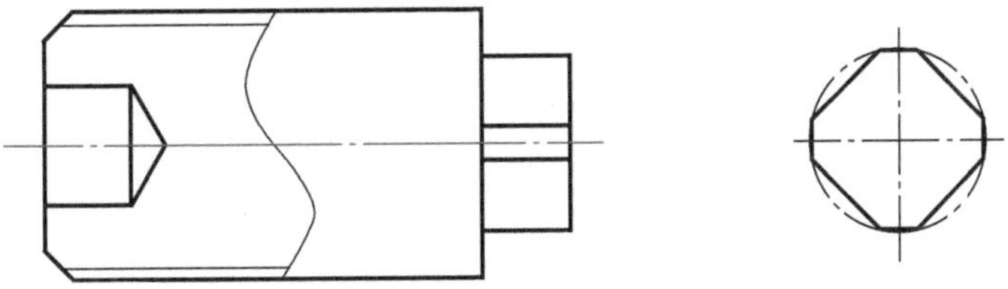

图 3-130　变更线型

18）使用"图案填充"命令，选择"ANSI31"图案，在剖切区域单击拾取内部点，在填充角度方框内输入 15，按〈Enter〉键或〈Space〉键完成剖面线的绘制，如图 3-131 所示。

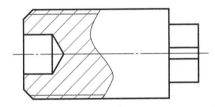

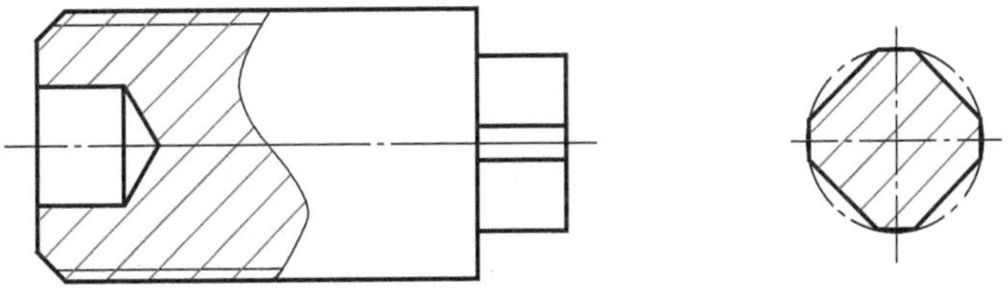

图 3-131　图案填充

19）选择"粗实线"图层 ，使用"多段线"命令绘制剖切符号；使用"多行文字"命令，输入剖视名称，如图 3-132 所示。

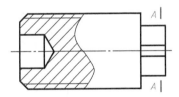

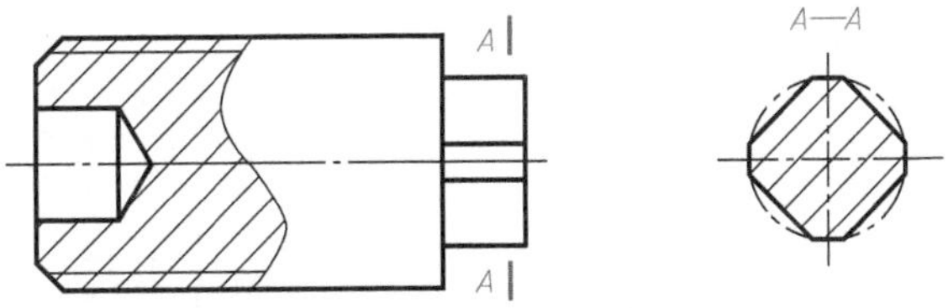

图 3-132　绘制剖切符号并输入剖视名称

20）使用"缩放"命令，将图形放大 3 倍。

21）打开"标注样式管理器"对话框，将所有样式中的测量单位比例因子改为"1/3"，如图 3-133 所示。

22）选择"线性直径"标注样式，使用"线性"标注命令标注圆柱孔直径尺寸；选择"机械制图"标注样式，完成线性尺寸和直径尺寸的标注，双击螺纹尺寸数字，输入"M18×2"；双击断面图线性尺寸数字，输入"10×10"；选择"细实线"图层  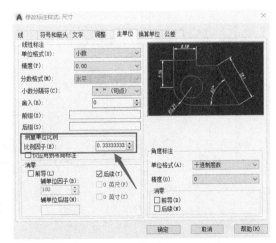 ，使用"直线"

图 3-133　设置比例因子

115

命令，绘制 45°倒角指引线；使用"多行文字"命令，输入"C2"，完成倒角尺寸的标注，如图 3-134 所示。

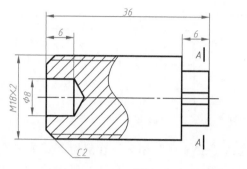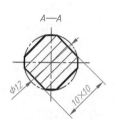

图 3-134　标注尺寸

3.2.6　绘制锁紧螺母

1. 零件分析

锁紧螺母由圆柱面、平面和螺纹构成，通常采用一个主视图和一个左视图来表达，如图 3-135 所示。先画带圆弧轮廓的左视图，再画主视图。主视图线段较多且上下对称，可先画出其上半部分图形，再使用"镜像"命令快速生成下半部分图形。

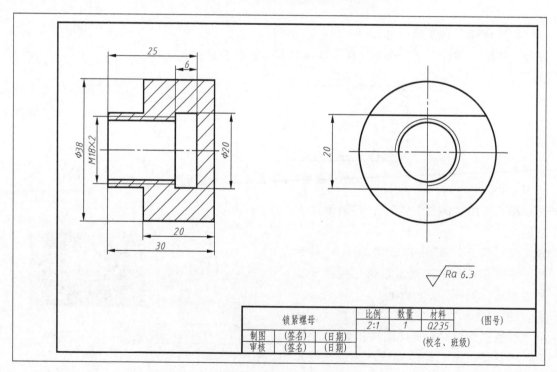

图 3-135　锁紧螺母零件图

2. 零件绘制

具体绘制步骤如下：

1) 加载"A4样板"图形文件。

2) 打开状态栏中的"动态输入""极轴追踪""对象捕捉"和"线宽"功能,右击"极轴追踪",选择"90,180,270,360…";选择"粗实线"图层 ,使用"直线"命令,绘制三条基准线,如图3-136所示。

3-9 绘制锁紧螺母

3) 使用"圆"命令,分别绘制半径为7.7mm和19mm的同心圆,如图3-137所示。

4) 选择"细实线"图层,使用"圆弧"命令,绘制半径为9mm的3/4圆弧,如图3-138所示。

5) 使用"偏移"命令绘制两条水平线,偏移距离均为10mm,如图3-139所示。

图3-136 绘制基准线

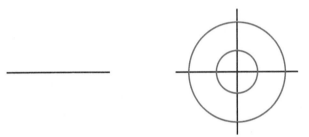

图3-137 绘制圆

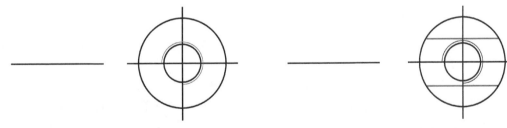

图3-138 绘制圆弧   图3-139 偏移水平线

6) 选择"粗实线"图层,使用"直线"命令,在主视图上从左到右分别绘制长度为10mm、10mm、9 mm、20 mm、19mm的直线,如图3-140所示。

7) 使用"偏移"命令,根据已知尺寸绘制两条水平线和两条竖直线,其中一条水平线为内螺纹小径线,该线到螺纹孔轴线的垂直距离为7.7mm,如图3-141所示。

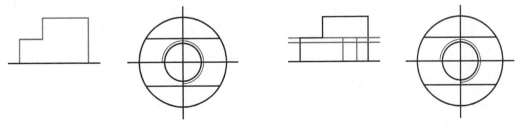

图3-140 绘制直线   图3-141 偏移直线

117

8）使用"修剪"命令修剪多余的线段，如图 3-142 所示。

9）选择"细实线"图层，使用"直线"命令，绘制内螺纹大径线，与螺纹孔轴线间的垂直距离为 9mm，如图 3-143 所示。

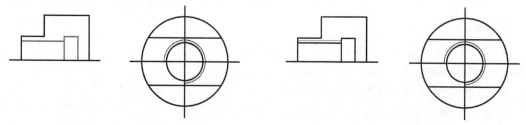

图 3-142　修剪线段　　　　　　　　　　图 3-143　绘制直线

10）使用"镜像"命令，绘制主视图的下半部轮廓，如图 3-144 所示。

11）选择三条基准线，然后选择"中心线"图层，变更基准线的线型，如图 3-145 所示。

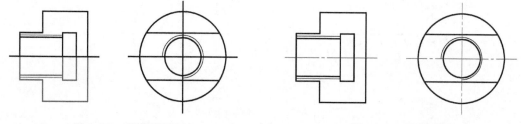

图 3-144　镜像图形　　　　　　　　　　图 3-145　变更线型

12）使用"图案填充"命令，选择"ANSI31"图案，在填充角度方框内输入 0，在剖切区域单击拾取内部点，按〈Enter〉键或〈Space〉键完成剖面线的绘制，如图 3-146 所示。

13）使用"缩放"命令，将图形放大至原来的两倍。

14）打开"标注样式管理器"对话框，将所有样式中的测量单位比例因子改为"0.5"，如图 3-147 所示。

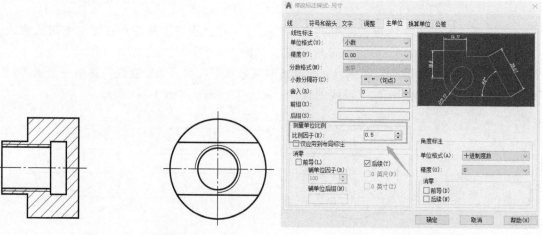

图 3-146　图案填充　　　　　　　　　　图 3-147　设置比例因子

15）使用"线性"标注命令，分别选择"机械制图"标注样式和"线性直径"标注样式标注各类尺寸，如图 3-148 所示。

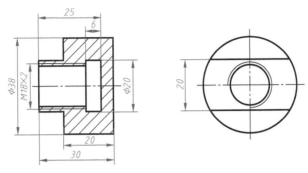

图 3-148　标注尺寸

3.2.7　绘制螺塞

1. 零件分析

螺塞由圆柱面、倒角、平面和螺纹构成，通常采用一个主视图和一个断面图来表达，如图 3-149 所示。

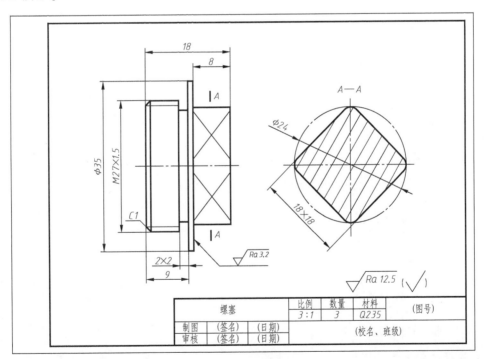

图 3-149　螺塞零件图

2. 零件绘制

具体绘制步骤如下：

1）加载"A4 样板"图形文件。

2）打开状态栏中的"动态输入""极轴追踪""对象捕捉"和"线

3-10　绘制螺塞

宽"功能，右击"极轴追踪"，选择"90，180，270，360..."；选择"中心线"图层 ![中心线图层] ，使用"直线"命令，绘制两条长度约为 30mm 的中心线，如图 3-150 所示。

3）使用"圆"命令，以中心线的交点为圆心，绘制半径为 12mm 的圆，如图 3-151 所示。

图 3-150　绘制中心线

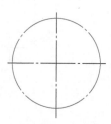

图 3-151　绘制圆

4）选择"粗实线"图层 ![粗实线图层] 使用"多边形"命令，输入边数 4，选择"外切于圆"选项，绘制边长为 18mm 的正方形，按〈Enter〉键或〈Space〉键确认，如图 3-152 所示。

5）使用"旋转"命令，将正方形旋转 45°，如图 3-153 所示。

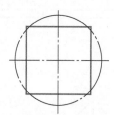

图 3-152　绘制正方形

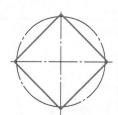

图 3-153　旋转正方形

6）使用"相切、相切、相切"圆命令，绘制四个相切圆，如图 3-154 所示。

7）使用"修剪"命令修剪多余的线段，如图 3-155 所示。

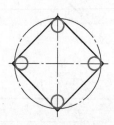

图 3-154　绘制相切圆

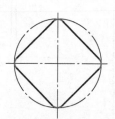

图 3-155　修剪线段

8）选择"细实线"图层 ![细实线图层] ，使用"图案填充"命令，选择"AN-SI31"图案，在填充角度方框内输入 15，在菱形区域单击拾取内部点，按〈Enter〉键或〈Space〉键完成剖面线的填充，如图 3-156 所示。

9）选择"粗实线"图层 ![粗实线图层] ，使用"直线"命令，绘制一条长度约为 24mm 的水平直线，如图 3-157 所示。

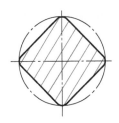

图 3-156　图案填充

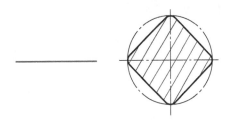

图 3-157　绘制水平直线

10）按〈Enter〉键或〈Space〉键沿用"直线"命令，从左到右绘制长度分别为 13.5mm、9mm、4mm、1mm、5.5mm、8mm 和 12mm 的直线，如图 3-158 所示。

11）使用"延伸"命令，连续按两次〈Enter〉键或〈Space〉键，选择中间两条竖直线以延伸至水平直线，按〈Enter〉键或〈Space〉键确认，如图 3-159 所示。

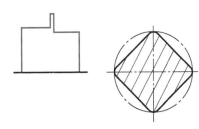

图 3-158　绘制轮廓线

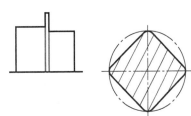

图 3-159　延伸直线

12）使用"偏移"命令绘制一条竖直线和一条水平线，偏移距离均为 2mm，如图 3-160 所示。

13）使用"修剪"命令修剪多余的线段，如图 3-161 所示。

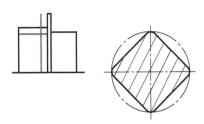

图 3-160　偏移直线

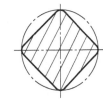

图 3-161　修剪线段

14）使用"倒角"命令对图形进行倒角处理，倒角距离为 1mm，将水平对称线移至中心线图层，如图 3-162 所示。

15）使用"直线"命令，在倒角右端绘制一条竖直线，如图 3-163 所示。

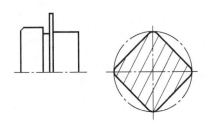

图 3-162　倒角

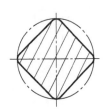

图 3-163　绘制竖直线

121

16）选择"细实线"图层 ，过倒角左端点绘制一条水平直线，如图 3-164 所示。

17）使用"直线"命令，过断面图第二象限切点，绘制高平齐辅助线，如图 3-165 所示。

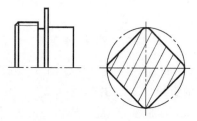

图 3-164　绘制水平直线

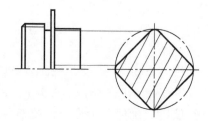

图 3-165　绘制辅助线

18）按〈Enter〉键或〈Space〉键沿用"直线"命令，绘制平面对角线，如图 3-166 所示。

19）使用"删除"命令，将两条高平齐辅助线予以删除，如图 3-167 所示。

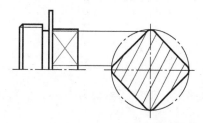

图 3-166　绘制平面对角线

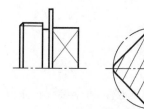

图 3-167　删除直线

20）使用"镜像"命令，绘制主视图的下半部分图形，如图 3-168 所示。

21）使用"缩放"命令，将图形放大 3 倍。

22）打开"标注样式管理器"对话框，将所有样式中的测量单位比例因子改为"1/3"，如图 3-169 所示。

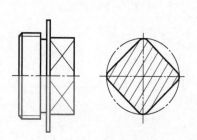

图 3-168　镜像图形

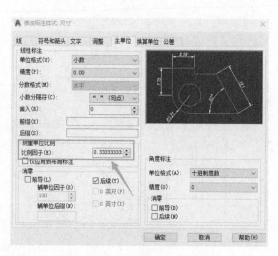

图 3-169　设置比例因子

23）使用"线性"标注命令，选择"线性直径"标注样式，标注主视图大圆柱直径尺寸；选择"机械制图"标注样式，完成线性尺寸和直径尺寸的标注。双击螺纹尺寸数字，进入文字编辑状态，输入"M27×1.5"；双击断面图线性尺寸数字，进入文字编辑状态，输入"18×18"；双击退刀槽尺寸数字，进入文字编辑状态，输入"2×2"；使用"直线"命令，绘制倒角指引线；使用"多行文字"命令，输入"C1"，完成倒角尺寸的标注，如图3-170所示。

24）使用"快速引线"命令绘制一条引线；使用"插入块"命令，插入表面粗糙度符号，如图3-171所示。

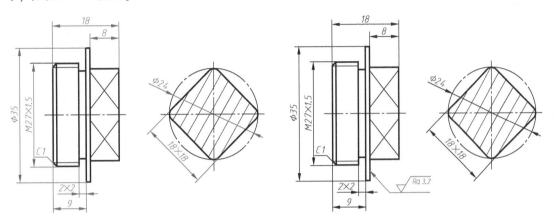

图 3-170　标注尺寸　　　　　　　　　图 3-171　标注表面粗糙度

3.2.8　绘制压盖

1. 零件分析

压盖含有三个圆柱孔，通常采用一个主视图和一个左视图来表达，其中主视图为全剖视图，如图3-172所示。

2. 零件绘制

具体绘制步骤如下：

1）加载"A4样板"图形文件。

2）打开状态栏中的"动态输入""极轴追踪""对象捕捉"和"线宽"功能，右击"极轴追踪"，选择"90, 180, 270, 360..."；选择"中心线"图层 ，使用"直线"命令，绘制两条中心线，如图3-173所示。

3）选择水平中心线，使用"偏移"命令上下两侧各偏移出一条水平中心线，偏移距离为23mm。选择"粗实线"图层 ，使用"圆"命令，根据已知尺寸，绘制七个圆，如图3-174所示。

4）右击"对象捕捉"按钮，勾选"切点"。使用"直线"命令，绘制四条与圆相切的直线，如图3-175所示。

5）使用"修剪"命令修剪多余的圆弧线段，如图3-176所示。

123

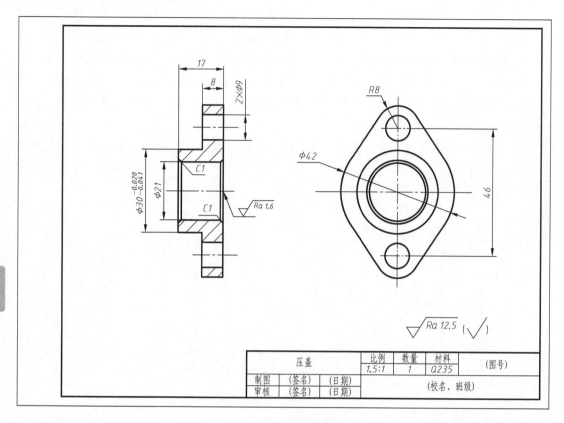

图 3-172　压盖零件图

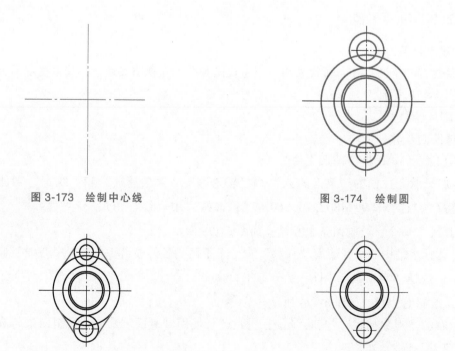

图 3-173　绘制中心线

图 3-174　绘制圆

图 3-175　绘制直线

图 3-176　修剪线段

124

6）使用"直线"命令，根据已知尺寸，绘制压盖主视图上半部外形轮廓线，如图 3-177 所示。

7）根据已知尺寸，使用"偏移"命令绘制三条直线，如图 3-178 所示。

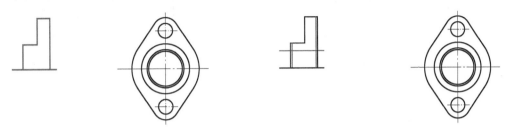

图 3-177　绘制轮廓线　　　　　　　　　　图 3-178　偏移直线

8）使用"修剪"命令修剪多余的线段，如图 3-179 所示。

9）右击"极轴追踪"按钮，选择"45，90，135，180…"。使用"直线"命令，绘制两条大孔倒角，如图 3-180 所示。

图 3-179　修剪线段　　　　　　　　　　图 3-180　绘制倒角

10）根据主视图与左视图的高平齐特性，过左视图上方小圆第二象限点、圆心和第四象限点，绘制三条高平齐直线，如图 3-181 所示。

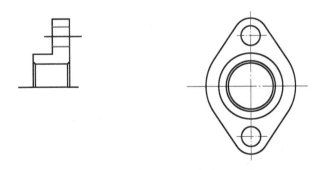

图 3-181　绘制直线

11）选择主视图大孔和小孔的轴线，然后选择"中心线"图层以变更轴线的线型，如图 3-182 所示。

12）使用"图案填充"命令，选择"ANSI31"图案，在截面区域单击拾取内部点，按〈Enter〉键或〈Space〉键完成 45°剖面线的填充，如图 3-183 所示。

13）使用"镜像"命令，绘制压盖主视图的下半部轮廓，如图 3-184 所示。

14）选择"机械制图"标注样式，使用"线性"标注命令标注所有线性尺寸，如图 3-185 所示。

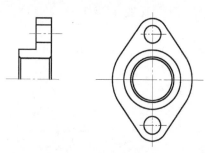

图 3-182　变更线型

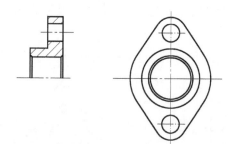

图 3-183　图案填充

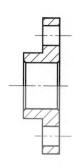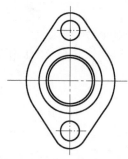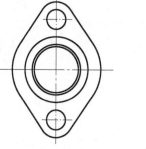

图 3-184　镜像图形

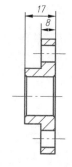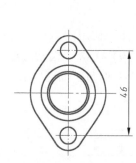

图 3-185　标注线性尺寸

15）分别使用"直径"和"半径"标注命令标注直径尺寸和半径尺寸，如图 3-186 所示。

16）选择"线性直径"标注样式，使用"线性"标注命令标注所有线性直径尺寸；双击尺寸数字"φ9"，进入文字编辑状态，在"φ"前输入"2×"，单击完成线性直径尺寸的标注，如图 3-187 所示。

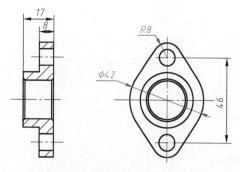

图 3-186　标注直径尺寸和半径尺寸

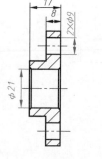

图 3-187　标注线性直径尺寸

17）选择"机械制图"标注样式，在指定尺寸线位置之前，输入"m"，按〈Enter〉键或〈Space〉键，进入多行文字编辑状态。在直径数值前输入"%%C"，在其后输入"上极限偏差数值^下极限偏差数值"，如"-0.020^-0.041"，然后选择数值后的所有字符，单击文字编辑器中的"堆叠"，单击鼠标左键确认，完成公差尺寸的标注，如图 3-188 所示。

18）使用"直线"命令，绘制倒角指引线；使用"多行文字"命令，输入"C1"，完

126

成倒角尺寸的标注，如图 3-189 所示。

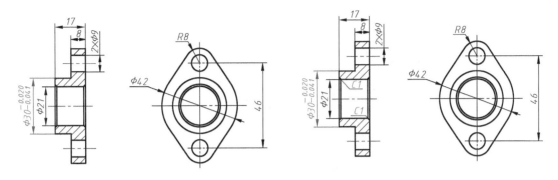

图 3-188 标注公差尺寸　　　　　　　　　图 3-189 标注倒角尺寸

19）使用"插入块"命令，插入相应数值的表面粗糙度符号，如图 3-190 所示。

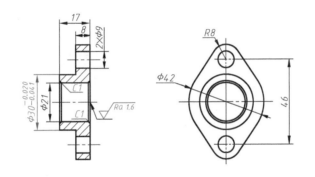

图 3-190 标注表面粗糙度

3.2.9 绘制带轮

1. 零件分析
带轮的内外形状复杂，通常采用一个主视图和一个局部视图表达，如图 3-191 所示。

2. 零件绘制
具体绘制步骤如下：

1）加载"A4 样板"图形文件。

2）打开状态栏中的"动态输入""极轴追踪""对象捕捉"和"线宽"功能，右击"极轴追踪"，选择"90，180，270，360…"；选择"中心线"图层 🔆 🔅 🔒 ⬛中心线　　　▼，使用"直线"命令，绘制两条中心线，如图 3-192 所示。

3）选择"粗实线"图层 🔆 🔅 🔒 ⬜粗实线　　　　▼，使用"圆"命令，以中心线的交点为圆心绘制 φ18mm 的圆，如图 3-193 所示。

4）使用"偏移"命令，根据已知尺寸绘制三条直线，如图 3-194 所示。

5）使用"修剪"命令修剪多余的线段，如图 3-195 所示。

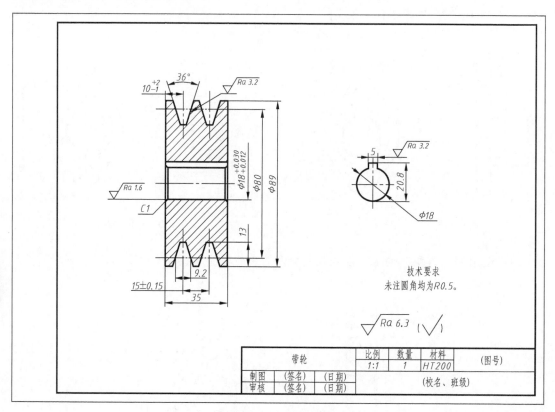

图 3-191 带轮零件图

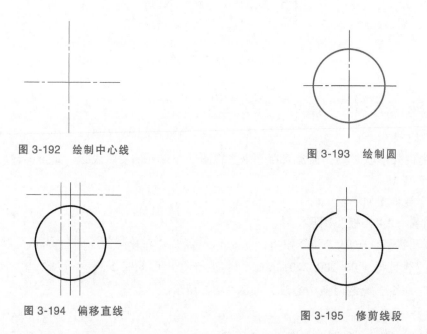

图 3-192 绘制中心线

图 3-193 绘制圆

图 3-194 偏移直线

图 3-195 修剪线段

6）选择修剪后的三条线段，然后选择"粗实线"图层以变更线段线型，如图 3-196 所示。

7）使用"直线"命令绘制一条水平直线，如图 3-197 所示。

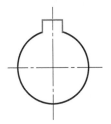
图 3-196　变更线型

图 3-197　绘制直线

8）按〈Enter〉键或〈Space〉键沿用"直线"命令，绘制带轮上半部外部轮廓线，如图 3-198 所示。

9）使用"偏移"命令，根据已知尺寸偏移三条直线，如图 3-199 所示。

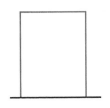
图 3-198　绘制轮廓线

图 3-199　偏移直线

129

10）按〈Enter〉键或〈Space〉键沿用"偏移"命令，根据已知尺寸以齿槽中线为基准分别向左、右偏移直线，如图 3-200 所示。

11）右击"极轴追踪"按钮，单击"正在追踪设置..."，新建"18"附加角，在"增量角"中选择"18"，使用"直线"命令绘制两条夹角为36°的直线，如图 3-201 所示。

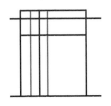
图 3-200　偏移直线

图 3-201　绘制直线

12）使用"延伸"命令，连续按两次〈Enter〉键或〈Space〉键，对齿槽两侧轮廓线进行延伸，按〈Enter〉键或〈Space〉键确认，如图 3-202 所示。

13）使用"修剪"命令，完成齿槽底端的修剪，如图 3-203 所示。

图 3-202　延伸线段

图 3-203　修剪线段

14）使用"复制"命令绘制第二个齿槽轮廓线和齿槽对称线，如图 3-204 所示。

15）使用"修剪"命令，修剪齿顶圆轮廓线；选择分度线和齿槽对称线，然后选择"中心线"图层完成其线型的变更，如图 3-205 所示。

图 3-204　复制图形　　　　　　　　　　　　　图 3-205　编辑线段

16）使用"镜像"命令镜像生成带轮的下半部轮廓，如图 3-206 所示。

17）根据主视图与左视图的高平齐特性，使用"直线"命令绘制三条高平齐直线，如图 3-207 所示。

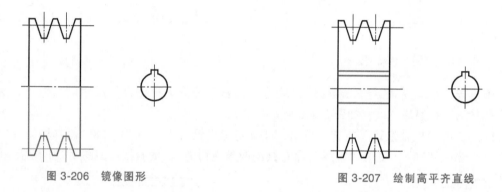

图 3-206　镜像图形　　　　　　　　　　　　　图 3-207　绘制高平齐直线

18）根据倒角尺寸，使用"倒角"命令对带轮内部轮廓进行倒角，如图 3-208 所示。

19）使用"直线"命令完善带轮内部轮廓线的绘制，如图 3-209 所示。

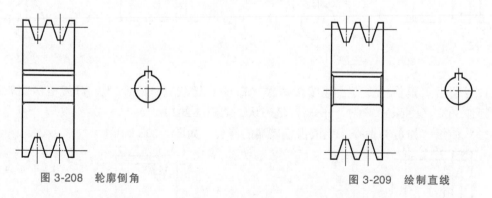

图 3-208　轮廓倒角　　　　　　　　　　　　　图 3-209　绘制直线

20）使用"图案填充"命令，选择"ANSI31"图案，在截面区域单击拾取内部点，按〈Enter〉键或〈Space〉键完成 45°剖面线的绘制，如图 3-210 所示。

21）选择"机械制图"标注样式，使用"线性"标注命令标注所有线性尺寸，如图 3-211 所示。

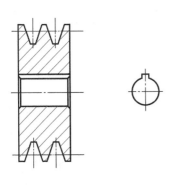

图 3-210　图案填充

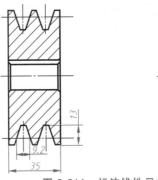

图 3-211　标注线性尺寸

22）选择"机械制图"标注样式，使用"直径"标注命令完成"φ18"直径尺寸的标注；选择"线性直径"标注样式，使用"线性"标注命令标注所有线性直径尺寸，如图 3-212 所示。

23）选择"机械制图"标注样式，使用"线性"标注命令和"多行文字"命令完成所有公差尺寸的标注，如图 3-213 所示。

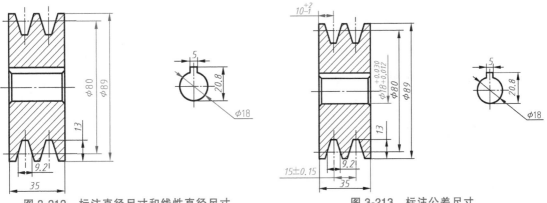

图 3-212　标注直径尺寸和线性直径尺寸

图 3-213　标注公差尺寸

24）选择"角度标注"标注样式，使用"角度"标注命令完成角度尺寸的标注，如图 3-214 所示。

25）选择"细实线"图层，使用"直线"命令，绘制倒角指引线；使用"多行文字"命令，输入"C1"，完成倒角尺寸的标注，如图 3-215 所示。

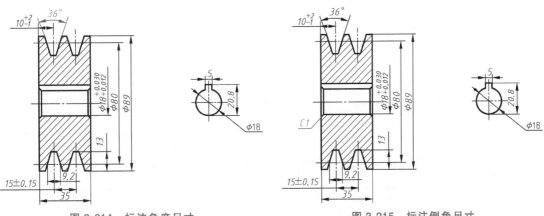

图 3-214　标注角度尺寸

图 3-215　标注倒角尺寸

26) 使用"插入块"命令，插入相应数值的表面粗糙度符号，如图 3-216 所示。

27) 使用"多行文字"命令，输入技术要求，如图 3-217 所示。

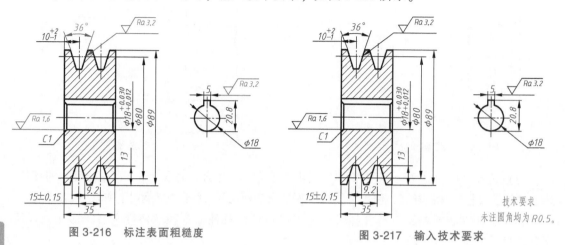

| 图 3-216　标注表面粗糙度 | 图 3-217　输入技术要求 |

3.2.10　绘制从动齿轮轴

1. 零件分析

从动齿轮轴由圆柱体、退刀槽、齿轮和倒角等构成，通常采用主视图来表达，如图 3-218 所示。

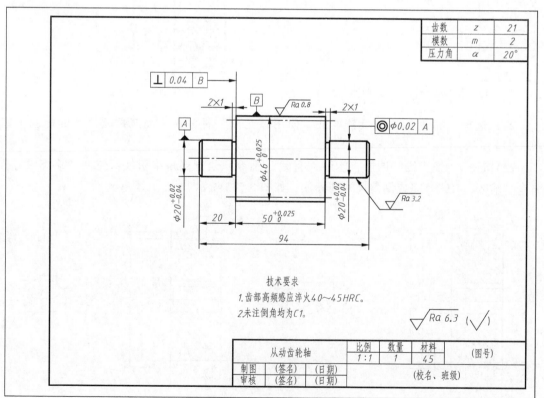

图 3-218　从动齿轮轴零件图

2. 零件绘制

具体绘制步骤如下：

1）加载"A4 样板"图形文件。

3-11　绘制从
动齿轮轴

2）打开状态栏中的"动态输入""极轴追踪""对象捕捉"和"线宽"功能，右击"极轴追踪"，选择"90,180,270,360..."；选择"中心线"图层 ![中心线]，使用"直线"命令，绘制一条长度为 100mm 的中心线，如图 3-219 所示。

图 3-219　绘制中心线

3）选择"粗实线"图层 ![粗实线]，按〈Enter〉键或〈Space〉键沿用"直线"命令，绘制从动齿轮轴主视图的上半部分外形轮廓，如图 3-220 所示。

4）使用"延伸"命令，连续按两次〈Enter〉键或〈Space〉键，选择两条轴肩轮廓线以延伸至中心线，按〈Enter〉键或〈Space〉键确认，如图 3-221 所示。

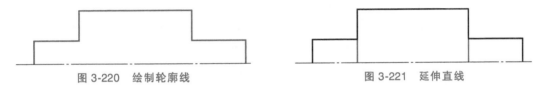

图 3-220　绘制轮廓线　　　　　　　　　图 3-221　延伸直线

5）使用"偏移"命令，绘制退刀槽轮廓。使用"倒角"命令，绘制从动齿轮轴倒角。使用"直线"命令，过倒角上端点绘制竖直线，如图 3-222 所示。

6）使用"修剪"命令修剪退刀槽的轮廓，如图 3-223 所示。

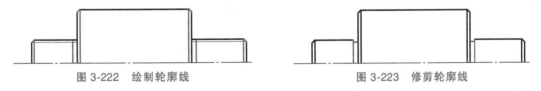

图 3-222　绘制轮廓线　　　　　　　　　图 3-223　修剪轮廓线

7）使用"偏移"命令，输入偏移距离 2mm，以齿顶圆轮廓线为基准向下偏移出齿轮分度线，选择分度线左右夹点，调整分度线长度，如图 3-224 所示。

8）使用"镜像"命令，绘制从动齿轮轴的下半部轮廓，如图 3-225 所示。

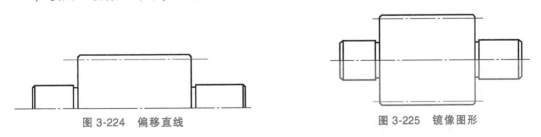

图 3-224　偏移直线　　　　　　　　　图 3-225　镜像图形

9）选择"机械制图"标注样式，使用"线性"标注命令标注所有线性尺寸；双击退刀槽尺寸数字，进入文字编辑状态，在数字后输入"×1"，如图 3-226 所示。

10）选择"机械制图"标注样式，在指定齿轮长度的尺寸线位置之前，输入"m"，按

〈Enter〉键或〈Space〉键，进入多行文字编辑状态，在数字后输入"上极限偏差数值^下极限偏差数值"（注：若为直径尺寸，还需在数字前输入"%%C"），如"+0.025^0"，再选择数字后的所有字符，单击文字编辑器中的"堆叠" $\frac{b}{a}$，单击鼠标左键确认，完成公差尺寸的标注。其他公差尺寸也可参照此方法标注，如图 3-227 所示。

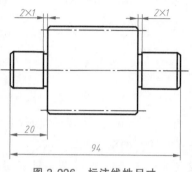

图 3-226　标注线性尺寸

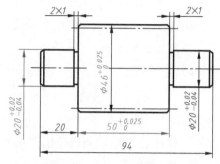

图 3-227　标注公差尺寸

11）使用"插入块"命令，插入表面粗糙度符号和几何公差基准符号，如图 3-228 所示。

12）使用"快速引线"命令，在指定第一个引线点前输入 S，按〈Enter〉键或〈Space〉键确认后，系统弹出"快速引线设置"对话框，切换到公差选项，单击"确定"按钮，完成引线指定后按〈Enter〉键或〈Space〉键确认，系统自动弹出"形位公差"对话框，标注几何公差，如图 3-229 所示。

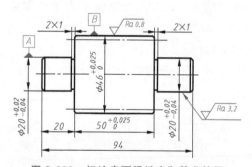

图 3-228　标注表面粗糙度和基准符号

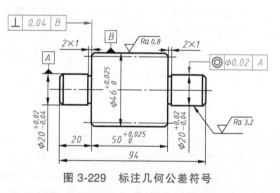

图 3-229　标注几何公差符号

3.2.11　绘制主动齿轮轴

1. 零件分析

主动齿轮轴由圆柱体、键槽、退刀槽、齿轮和倒角等构成，通常采用主视图、断面图和局部放大图来表达，如图 3-230 所示。

2. 零件绘制

具体绘制步骤如下：

1）加载"A4 样板"图形文件。

2）打开状态栏中的"动态输入""极轴追踪""对象捕捉"和"线宽"功能，右击"极轴追踪"，选择"90,180,270,360..."；选择"中心线"图层 ，使用"直线"命令，绘制一条长度为 180mm 的中心线，如图 3-231 所示。

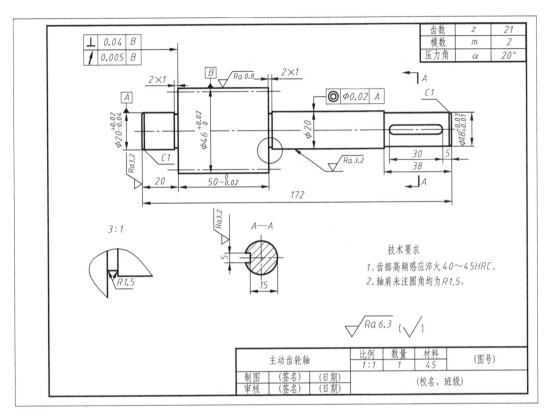

图 3-230 主动齿轮轴零件图

图 3-231 绘制中心线

3）选择"粗实线"图层 💡☀️🔓☐**粗实线** ▼，使用"直线"命令，绘制主动齿轮轴主视图的上半部分外形轮廓，如图 3-232 所示。

图 3-232 绘制轮廓线

4）使用"延伸"命令，连续按两次〈Enter〉键或〈Space〉键，选择三条轴肩轮廓线以延伸至中心线，按〈Enter〉键或〈Space〉键确认，如图 3-233 所示。

图 3-233 延伸直线

5）使用"倒角"命令，绘制主动齿轮轴两端倒角；使用"直线"命令，过倒角上端点绘制竖直线，如图 3-234 所示。

图 3-234　绘制倒角

6）使用"偏移"命令绘制退刀槽轮廓，如图 3-235 所示。

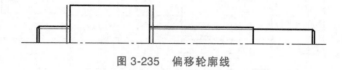

图 3-235　偏移轮廓线

7）使用"修剪"命令修剪退刀槽的轮廓，如图 3-236 所示。

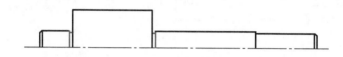

图 3-236　修剪轮廓线

8）使用"偏移"命令绘制齿轮分度线，偏移距离为 21mm；单击分度线，选择分度线左右夹点，调整分度线长度，如图 3-237 所示。

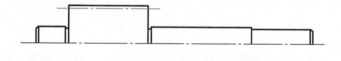

图 3-237　偏移分度线

9）使用"镜像"命令，绘制主动齿轮轴的下半部轮廓，如图 3-238 所示。

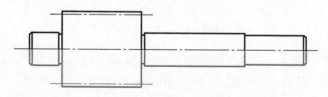

图 3-238　镜像图形

10）根据已知尺寸，使用"圆"命令和"直线"命令绘制键槽轮廓，如图 3-239 所示。

11）选择"细实线"图层，使用"圆"命令，在右侧退刀槽下端绘制尺寸大小合适的细实线圆，将需要放大的结构复制出来并修剪，放置在齿轮下方；使用"缩放"命令，将复制好的图形放大 3 倍；使用"样条曲线"命令，绘制局部放大图的分界线，如图 3-240 所示。

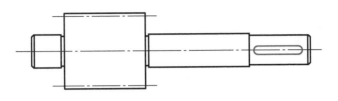

图 3-239 绘制键槽轮廓

12）使用"多段线"命令绘制剖切符号，如图 3-241 所示。

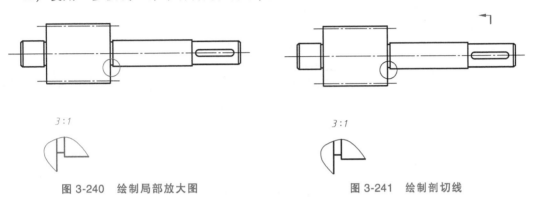

图 3-240 绘制局部放大图

图 3-241 绘制剖切线

13）使用"镜像"命令镜像生成下半部的剖切符号，如图 3-242 所示。

14）选择"中心线"图层 💡☀️🔓 ■中心线 ，使用"直线"命令，绘制长度约为 24mm 的两条垂直相交中心线，如图 3-243 所示。

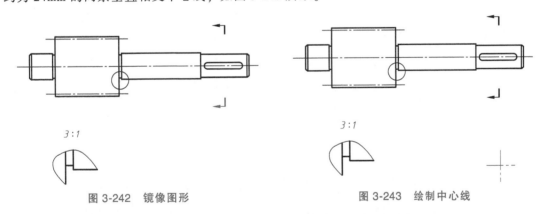

图 3-242 镜像图形

图 3-243 绘制中心线

15）运用圆、偏移和修剪命令，绘制出键槽断面轮廓，如图 3-244 所示。

16）使用"图案填充"命令，选择"ANSI31"图案，在断面区域单击拾取内部点，按〈Enter〉键或〈Space〉键确认，完成剖面线的绘制，如图 3-245 所示。

17）使用"多行文字"命令，输入"A"，放置在剖切位置旁；按〈Enter〉键或〈Space〉键沿用"多行文字"命令，输入键槽断面图名称"$A—A$"，放置于键槽断面图上方，如图 3-246 所示。

18）选择"机械制图"标注样式，完成所有线性尺寸、半径尺寸的标注；双击退刀槽尺寸数字，进入文字编辑状态，输入"2×1"，如图 3-247 所示。

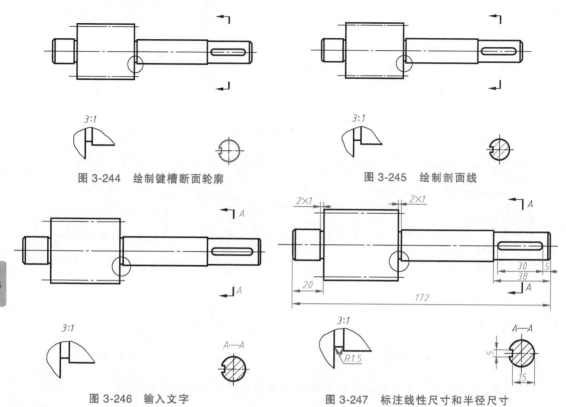

图 3-244　绘制键槽断面轮廓

图 3-245　绘制剖面线

图 3-246　输入文字

图 3-247　标注线性尺寸和半径尺寸

19）选择"机械制图"标注样式，在指定尺寸线位置之前，输入"m"，按〈Enter〉键或〈Space〉键，进入多行文字编辑状态。在直径数值前输入"%%C"（注：若不是直径尺寸不需输入），在其后输入"上极限偏差数值^下极限偏差数值"，如"+0.02^-0.04"，再选择数值后的所有字符，单击文字编辑器中的"堆叠"$\frac{b}{a}$，单击鼠标左键确认，完成公差尺寸的标注。其他公差尺寸也可参照此方法标注，如图 3-248 所示。

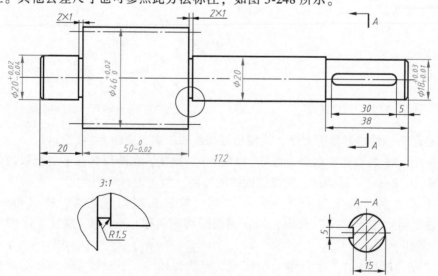

图 3-248　标注公差尺寸

20）使用"直线"命令绘制倒角引线；使用"多行文字"命令，输入"C1"，完成倒角尺寸的标注，如图 3-249 所示。

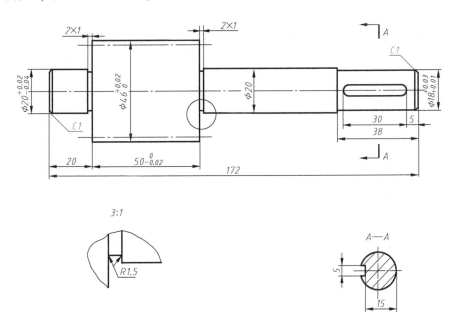

图 3-249 标注倒角尺寸

21）使用"插入块"命令，插入表面粗糙度符号和几何公差基准符号，如图 3-250 所示。

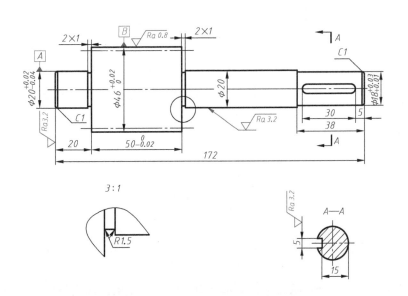

图 3-250 标准表面粗糙度和基准符号

22）使用"快速引线"命令，完成几何公差的标注，如图 3-251 所示。

23）使用"多行文字"命令，完成零件技术要求的输入，如图 3-252 所示。

139

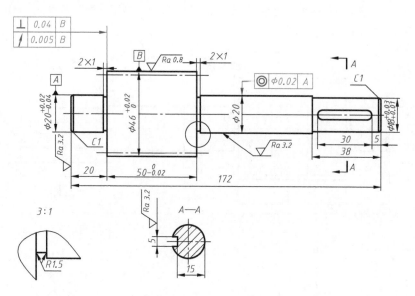

图 3-251　标注几何公差符号

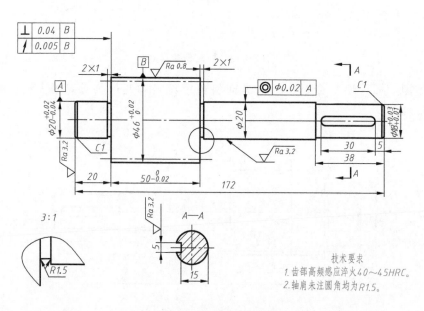

图 3-252　输入技术要求

3.2.12　绘制泵座

1. 零件分析

泵座的结构特点是内外形状复杂、有部分对称结构。一般采用主视图、俯视图和左视图来表达，如图 3-253 所示。

2. 零件绘制

具体绘制步骤如下：

1）加载"A3 样板"图形文件。

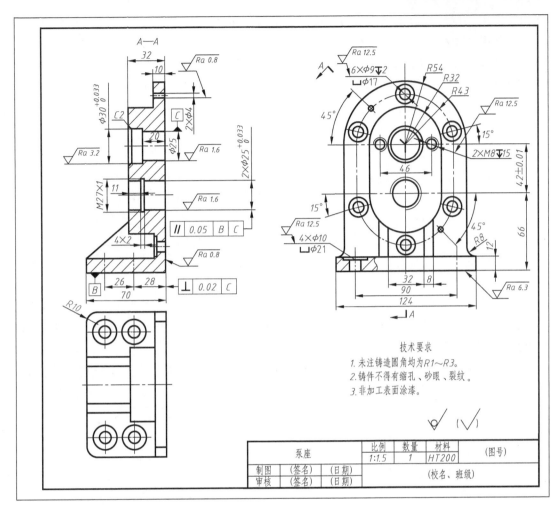

图 3-253　泵座零件图

2）打开状态栏中的"动态输入""极轴追踪""对象捕捉"和"线宽"功能，右击"极轴追踪"，选择"90,180,270,360..."；选择"中心线"图层 ，使用"直线"命令，根据已知尺寸绘制三条长度合适的中心线，如图 3-254 所示。

3）使用"圆弧"命令，以中心线交点为圆心绘制两段半圆弧；使用"直线"命令，将圆弧对应端点用直线连接起来，如图 3-255 所示。

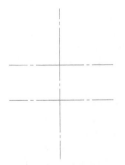

图 3-254　绘制中心线

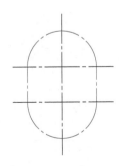

图 3-255　绘制 O 形中心线

4）使用"偏移"命令和"修剪"命令，根据已知尺寸绘制矩形，如图 3-256 所示。

5）使用"偏移"命令，将 O 形中心线分别向内、外偏移并进行修剪，然后将偏移出的线条线型变更为粗实线；使用"延伸"命令，连续按两次〈Enter〉键或〈Space〉键，选择两条竖直线以延伸至矩形轮廓处，按〈Enter〉键或〈Space〉键确认，如图 3-257 所示。

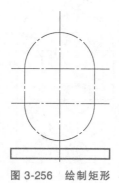

图 3-256　绘制矩形

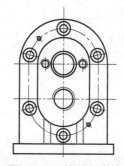

图 3-257　偏移内、外轮廓

6）选择"中心线"图层 ⚙☀🔓■中心线 ▾，使用"直线"命令绘制各圆中心线；选择"粗实线"图层，使用"圆"命令绘制所有圆；将 3/4 圆弧的线型变更为细实线，如图 3-258 所示。

7）使用"偏移"命令和"修剪"命令完成四条竖直线的绘制，如图 3-259 所示。

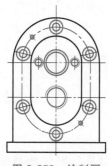

图 3-258　绘制圆

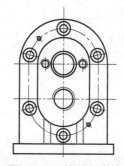

图 3-259　绘制竖直线

8）使用"圆角"命令完成倒圆角，如图 3-260 所示。

9）使用"偏移"命令和"修剪"命令绘制沉头孔轮廓，同时使用"样条曲线"命令绘制局部剖视图分界线，如图 3-261 所示。

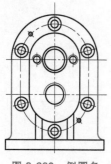

图 3-260　倒圆角

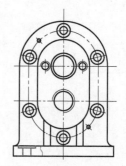

图 3-261　绘制沉头孔轮廓

10）使用"直线"命令绘制主视图的外轮廓线，如图 3-262 所示。

11）使用"偏移"命令和"修剪"命令绘制主视图所有孔的轮廓，如图 3-263 所示。

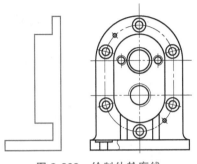

图 3-262　绘制外轮廓线

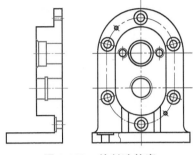

图 3-263　绘制孔轮廓

12）使用"偏移"命令绘制主视图沉头孔的轴线；选择沉头孔轴线，然后选择"中心线"图层 ，以变更轴线线型，再调整轴线长度；使用"直线"命令绘制主视图的加强筋轮廓，如图 3-264 所示。

13）绘出俯视图上半部分外形轮廓及对称中心线，使用"偏移"命令和"修剪"命令，绘制俯视图的上半部其他轮廓，如图 3-265 所示。

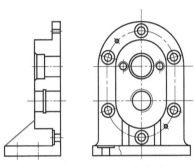

图 3-264　绘制加强筋轮廓

14）使用"偏移"命令绘制沉头孔中心线；使用"圆"命令，以沉头孔中心线交点为中心绘制两个同心圆，如图 3-266 所示。

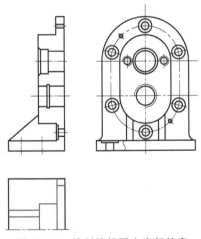

图 3-265　绘制俯视图上半部轮廓

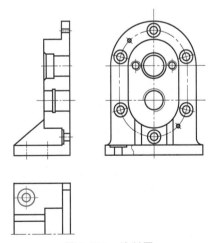

图 3-266　绘制圆

15）使用"复制"命令复制生成一个沉头孔轮廓，如图 3-267 所示。

16）使用"圆角"命令对底板做圆角处理，如图 3-268 所示。

17）使用"镜像"命令镜像生成俯视图另一半对称轮廓，如图 3-269 所示。

18）使用"图案填充"命令，选择"ANSI31"图案，在剖切区域单击拾取内部点，按〈Enter〉键或〈Space〉键确认，完成所有剖面线的绘制，如图 3-270 所示。

143

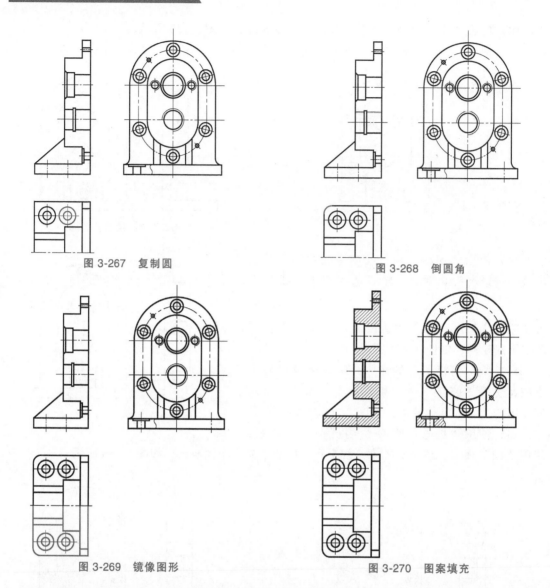

图 3-267 复制圆   图 3-268 倒圆角

图 3-269 镜像图形   图 3-270 图案填充

19）选择"线性直径"标注样式，使用"线性"标注命令标注主动轴孔直径尺寸；接着标注定位销孔的尺寸，在指定两个尺寸界限点后，输入"m"，按〈Enter〉键或〈Space〉键，在"φ4"前输入"2×"，单击鼠标左键确认，完成销孔尺寸的标注；选择"机械制图"标注样式，完成所有线性尺寸和半径尺寸的标注；双击从动齿轮轴孔尺寸数字"27"，在"27"前输入"M"，在"27"后输入"×1"，单击鼠标左键确认；双击从动齿轮轴孔退刀槽尺寸数字"4"，在"4"后输入"×2"，单击鼠标左键确认，如图 3-271 所示。

20）选择"机械制图"标注样式，使用"角度"标注命令标注所有角度尺寸，如图 3-272 所示。

21）切换到"线性直径"标注样式，使用"线性"标注命令，在指定尺寸界限点之后，输入"m"，按〈Enter〉键或〈Space〉键，在直径数值后输入"上极限偏差数值^下极限偏差数值"，如"+0.033^0"，再选择数值后的所有字符，单击文字编辑器中的"堆叠" $\frac{b}{a}$ ，单击鼠标左键确认，完成主动齿轮轴孔直径公差尺寸的标注；从动齿轮轴安装孔的直径公差尺

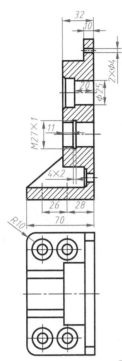
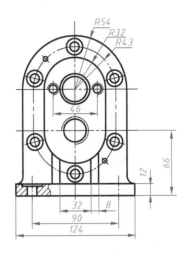

图 3-271 标注尺寸（一）

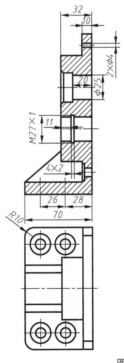
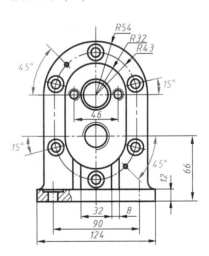

图 3-272 标注尺寸（二）

寸按同样标注方法；紧接着标注对称公差尺寸，选择"机械制图"标注样式，在指定尺寸
线位置之前，输入"m"，按〈Enter〉键或〈Space〉键，在数字后输入"%%P0.01"，按
〈Enter〉键或〈Space〉键确认，如图 3-273 所示。

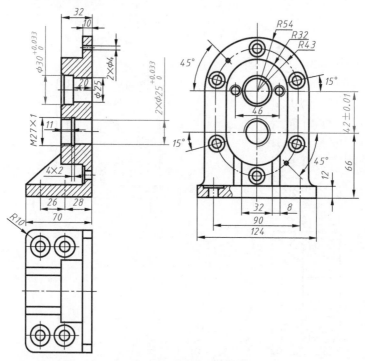

图 3-273　标注尺寸（三）

22）使用"直径"标注命令和"多行文字"命令标注带特殊符号的尺寸，如图 3-274 所示。孔深符号与沉孔符号必须采用"gdt"文字样式，其中孔深符号对应小写字母"x"，沉孔符号对应小写字母"v"。

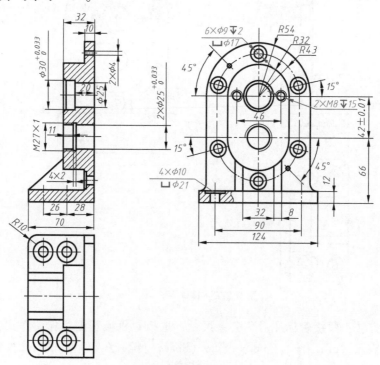

图 3-274　标注尺寸（四）

23）使用"插入块"命令，插入几何公差基准符号和相应数值的表面粗糙度符号，如图 3-275 所示。

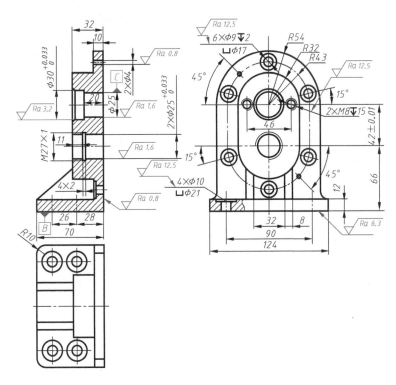

图 3-275 标注表面粗糙度和基准符号

24）使用"快速引线"命令，在指定第一个引线点前输入"S"，按〈Enter〉键或〈Space〉键确认后，系统弹出"快速引线设置"对话框，切换到公差选项，单击"确定"按钮，完成引线指定后按〈Enter〉键或〈Space〉键确认，系统自动弹出"形位公差"对话框，标注几何公差，如图 3-276 所示。

25）使用"多段线"命令绘制剖切符号；使用"多行文字"命令，按〈Enter〉键或〈Space〉键，分别输入剖视图名称和文字形式的技术要求，如图 3-277 所示。

3.2.13 绘制泵体

1. 零件分析

泵体是齿轮泵的主体，其结构复杂，内含型腔、圆柱孔和螺纹孔，通常采用主视图、左视图和右视图来表达，图 3-278 所示。

2. 零件绘制

具体绘制步骤如下：

1）加载"A3 样板"图形文件。

2）打开状态栏中的"动态输入""极轴追踪""对象捕捉"和"线宽"功能，右击"极轴追踪"，选择"90,180,270,360..."；选择"中心线"图层，使用"直线"命令，绘制三条中心线，如图 3-279 所示。

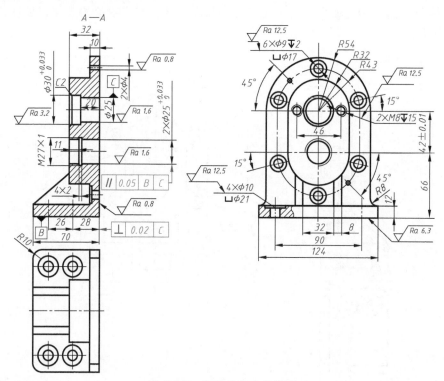

图 3-276　标注几何公差符号

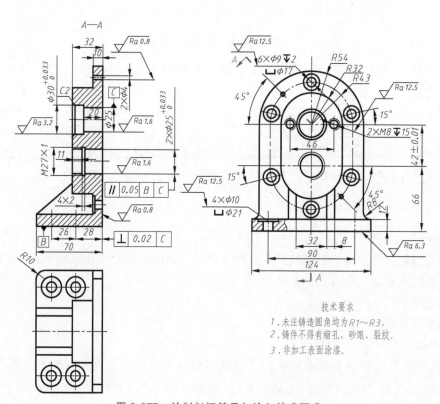

技术要求

1.未注铸造圆角均为R1~R3。

2.铸件不得有缩孔、砂眼、裂纹。

3.非加工表面涂漆。

图 3-277　绘制剖切符号与输入技术要求

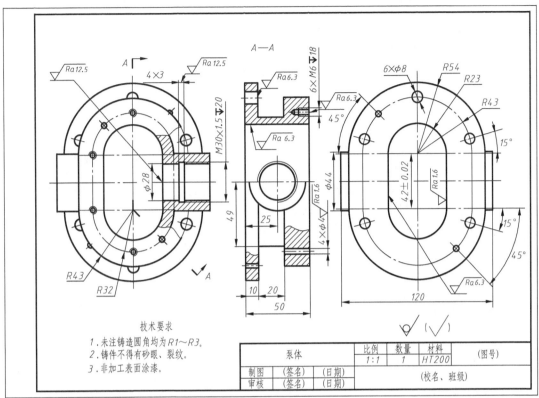

图 3-278　泵体零件图

3-12　绘制泵体

3）使用"圆弧"命令，以中心线交点为圆心绘制半圆弧；使用"直线"命令，绘制与圆弧相切的竖直线，如图 3-280 所示。

图 3-279　绘制中心线　　　　图 3-280　绘制半圆弧与竖直线

4）使用"偏移"命令，以半圆弧线和两条切线为基准，分别向内、外偏移两条相连线段，并移动至"粗实线"四层，如图 3-281 所示。

5）根据圆的定位角度右击选择极轴追踪角度，使用"直线"命令绘制圆的定位直线；选择"粗实线"图层，使用"圆"命令，以定位直线与定位圆弧的交点为圆心绘制 3 个大圆和 1 个小圆，如图 3-282 所示。

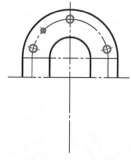

图 3-281　偏移线段　　　　　　　　　　　　　　图 3-282　绘制圆

6）使用"偏移"命令，输入偏移距离 6mm，绘制左右两段竖直线；使用"直线"命令，过竖直线上端点分别绘制两条水平线，如图 3-283 所示。

7）使用"镜像"命令，绘制泵体的下半部轮廓，如图 3-284 所示。

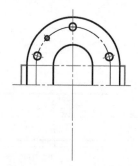

图 3-283　绘制竖直线和水平线

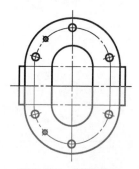

图 3-284　镜像图形

8）按〈Enter〉键或〈Space〉键沿用"镜像"命令，将泵体下半部的小孔做镜像，并选择删除源对象，如图 3-285 所示。

9）使用"复制"命令，复制图 3-285 中的所有图形，并放置于正左侧，如图 3-286 所示。

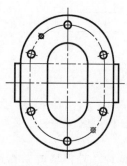

图 3-285　绘制小孔

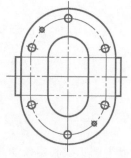

图 3-286　复制图形

10）使用"偏移"命令，以 O 形中心线为基准，输入偏移距离 11mm，向内偏移出小的 O 形中心线；选择原 O 形中心线，紧接着选择"粗实线"图层，变更轮廓线的线型，如图 3-287 所示。

11) 使用"修剪"命令，修剪泵体大端面上的孔，如图 3-288 所示。

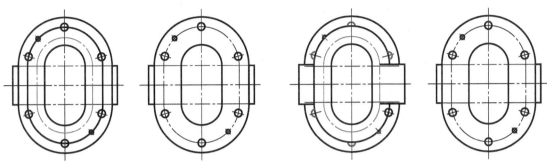

图 3-287 偏移线段   图 3-288 修剪线段

12) 根据已知尺寸，使用"偏移"命令和"修剪"命令完成泵体内部轮廓的绘制；根据圆孔的定位角度右击选择极轴追踪角度，使用"直线"命令绘制圆的定位直线；选择"粗实线"图层，使用"圆"命令，以定位直线与定位圆弧的交点为圆心绘制 4 个螺纹孔和 2 个圆柱通孔，如图 3-289 所示。

13) 右击"对象捕捉"按钮，选择"最近点"，使用"样条曲线"命令绘制两条样条曲线，如图 3-290 所示。

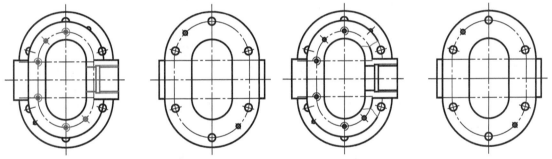

图 3-289 绘制直线与孔   图 3-290 绘制样条曲线

14) 将极轴追踪角度切换到"0,90,180,270…"，使用"直线"命令，根据高平齐特性绘制泵体主视图上半部外轮廓线，如图 3-291 所示。

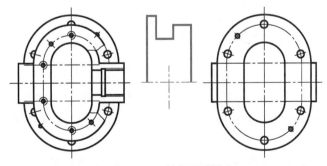

图 3-291 绘制轮廓线

15) 根据已知尺寸，使用"圆"命令绘制 4 个圆；使用"修剪"命令，绘制 2 个半圆和 3/4 的圆弧，如图 3-292 所示。

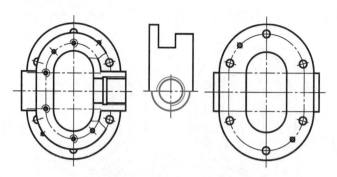

图 3-292　绘制圆

16）使用"镜像"命令，绘制泵体的下半部轮廓；使用"直线"命令和夹点编辑功能，补画下半部两条竖直线和上半部内型腔一条轮廓线，如图 3-293 所示。

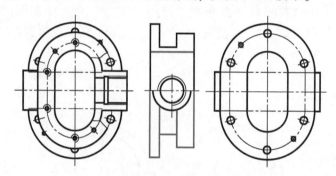

图 3-293　绘制直线

17）使用"偏移"命令、"修剪"命令和"直线"命令，绘制出主视图的三个孔，如图 3-294 所示。

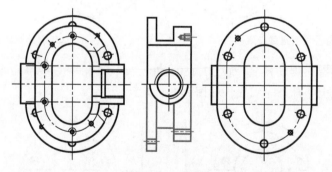

图 3-294　绘制孔

18）选择"细实线"图层，使用"样条曲线"命令绘制两条样条曲线，如图 3-295 所示。

19）使用"图案填充"命令，绘制右视图和主视图中局部剖视图截面的剖面线，如图 3-296 所示。

20）选择"机械制图"标注样式，使用标注命令标注线性尺寸、半径尺寸、直径尺寸和带公差的尺寸，如图 3-297 所示。

21）选择"角度标注"标注样式，使用"角度"标注命令标注所有角度尺寸，如图 3-298 所示。

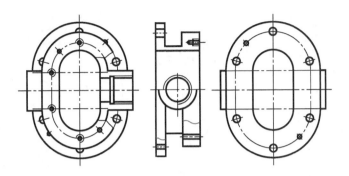

图 3-295　绘制样条曲线

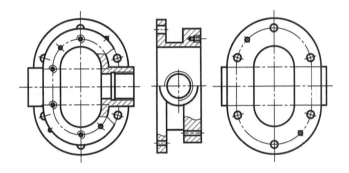

图 3-296　绘制剖面线

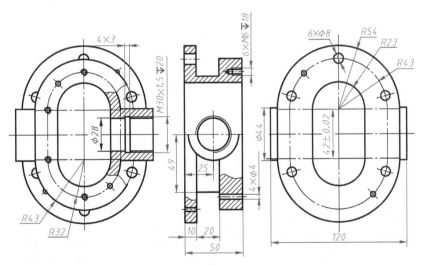

图 3-297　标注尺寸

22）使用"插入块"命令，插入相应数值的表面粗糙度符号，如图 3-299 所示。

23）使用"多段线"命令、"多行文字"命令，绘制剖切符号并输入剖视图名称，如图 3-300 所示。

24）使用"多行文字"命令，输入文字形式的技术要求，如图 3-301 所示。

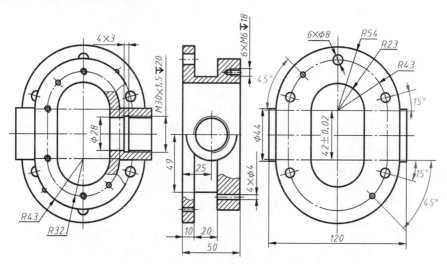

图 3-298　标注角度尺寸

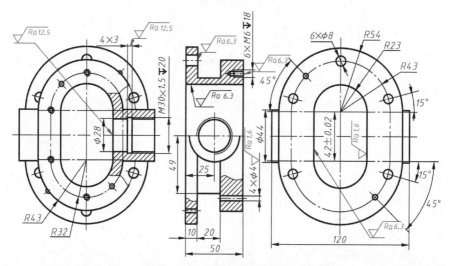

图 3-299　标注表面粗糙度

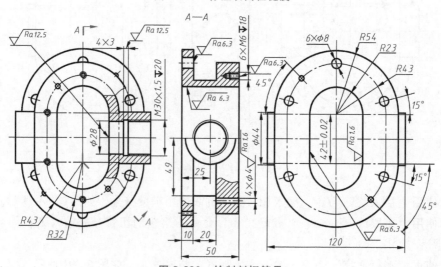

图 3-300　绘制剖切符号

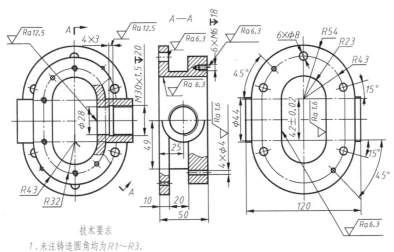

技术要求
1. 未注铸造圆角均为R1~R3。
2. 铸件不得有砂眼、裂纹。
3. 非加工表面涂漆。

图 3-301 输入技术要求

3.2.14 绘制泵盖

1. 零件分析

泵盖的形状复杂，内含油道、沉头孔和螺纹孔等，通常采用主视图、左视图和俯视图来表达，如图 3-302 所示。

2. 零件绘制

具体绘制步骤如下：

1）加载"A3样板"图形文件。

2）打开状态栏中的"动态输入""极轴追踪""对象捕捉"和"线宽"功能，右击"极轴追踪"，选择"90，180，270，360…"；选择"中心线"图层 ⚙️ 中心线 ，使用"圆弧"命令，绘制一段半圆弧线；使用"直线"命令，绘制三条直线，如图 3-303 所示。

3）使用"偏移"命令，以半圆弧线和两条切线为基准，分别向内、外各偏移一条相连线段；选择这两条相连线段，接着选择"粗实线"图层，变更轮廓线的线型为粗实线，如图 3-304 所示。

4）选择"细实线"图层，根据圆的定位角度右击选择极轴追踪角度，使用"直线"命令绘制圆的定位直线；选择"粗实线"图层，使用"圆"命令，绘制孔轮廓线；使用"修剪"命令，修剪多余圆弧段，如图 3-305 所示。

5）使用"偏移"命令和"修剪"命令完成泵盖油道轮廓的绘制，如图 3-306 所示。

6）使用"镜像"命令，绘制泵盖的下半部轮廓，如图 3-307 所示。

7）使用"样条曲线"命令，绘制两条样条曲线；使用"修剪"命令，以样条曲线为修剪边界，将样条曲线之间的圆弧段剪掉，如图 3-308 所示。

155

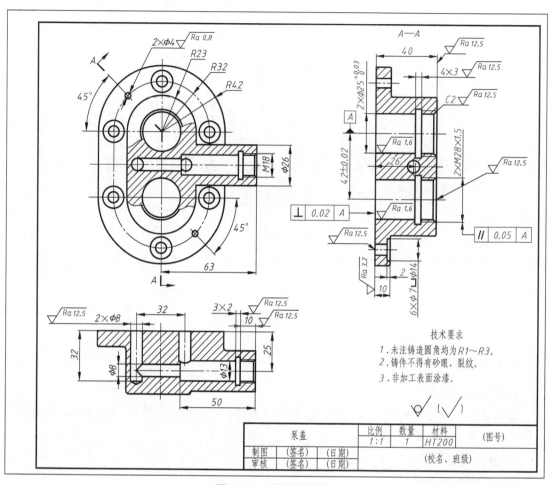

技术要求
1. 未注铸造圆角均为R1~R3。
2. 铸件不得有砂眼、裂纹。
3. 非加工表面涂漆。

泵盖		比例	数量	材料	(图号)
		1:1	1	HT200	
制图	(签名)(日期)				
审核	(签名)(日期)			(校名、班级)	

图 3-302　泵盖零件图

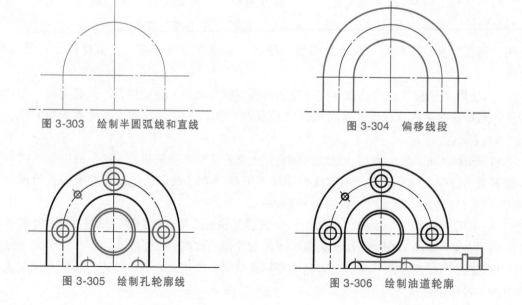

图 3-303　绘制半圆弧线和直线

图 3-304　偏移线段

图 3-305　绘制孔轮廓线

图 3-306　绘制油道轮廓

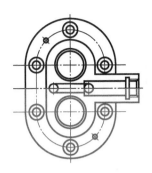

图 3-307　镜像图形

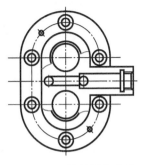

图 3-308　绘制样条曲线

8）将极轴追踪角度切换到"0,90,180,270..."，使用"直线"命令，根据高平齐特性绘制泵盖左视图上半部外轮廓线，如图 3-309 所示。

9）使用"圆角"命令，输入圆角半径 2mm，对右侧三处拐角倒圆，如图 3-310 所示。

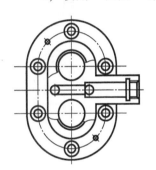

图 3-309　绘制轮廓线

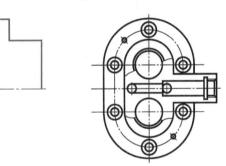

图 3-310　绘制倒圆

10）使用"直线"命令、"偏移"命令和"修剪"命令完成泵盖轴孔轮廓的绘制，如图 3-311 所示。

11）使用"镜像"命令，绘制左视图泵盖的下半部轮廓，如图 3-312 所示。

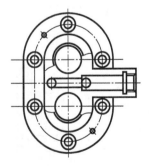

图 3-311　绘制轮廓

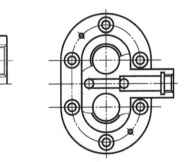

图 3-312　镜像图形

12）使用"偏移"命令和"修剪"命令，绘制泵盖圆柱通孔、沉头孔轮廓和油道孔，如图 3-313 所示。

13）选择"中心线"图层 ![中心线图层], 使用"直线"命令，绘制俯视图圆柱孔轴线，如图 3-314 所示。

157

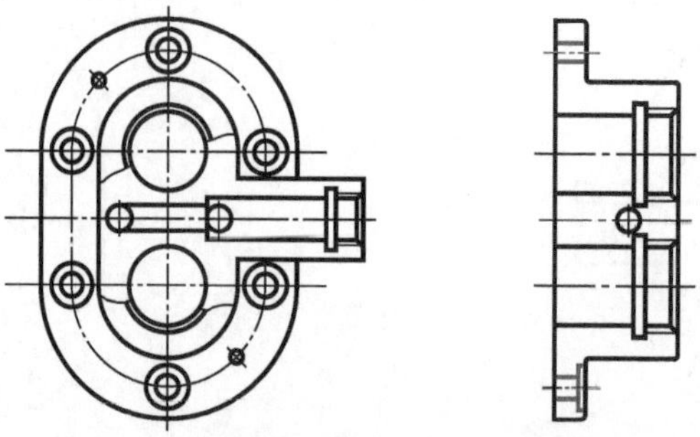

图 3-313 绘制泵盖圆柱通孔、沉头孔轮廓

14）选择"粗实线"图层 ，根据已知尺寸和长对正的特性，使用"直线"命令，绘制俯视图泵盖外形轮廓，如图 3-315 所示。

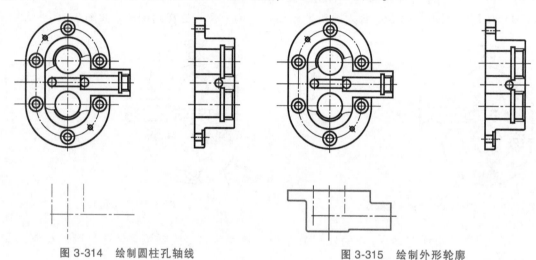

图 3-314 绘制圆柱孔轴线

图 3-315 绘制外形轮廓

15）使用"偏移"命令和"修剪"命令，绘制泵盖油道轮廓，如图 3-316 所示。

16）使用"直线"命令和"圆"命令，完成油道孔相贯线的绘制，如图 3-317 所示。

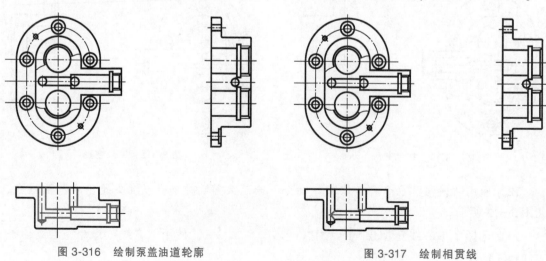

图 3-316 绘制泵盖油道轮廓

图 3-317 绘制相贯线

17）选择"细实线"图层，使用"图案填充"命令，选择"ANSI31"图案，在剖切区域单击拾取内部点，按〈Enter〉键或〈Space〉键确认，绘制三个视图的剖面线，如图 3-318 所示。

18）选择"机械制图"标注样式，完成所有半径尺寸、直径尺寸的标注，如图 3-319 所示。

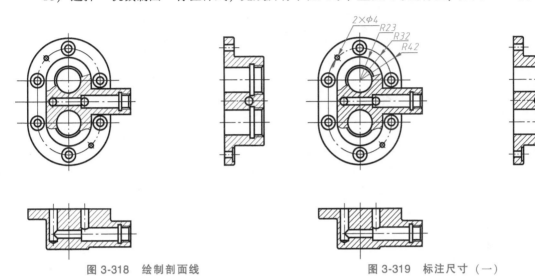

图 3-318　绘制剖面线　　　　　图 3-319　标注尺寸（一）

19）选择"线性直径"标注样式，完成所有线性直径尺寸的标注；选择"机械制图"标注样式，完成所有线性尺寸的标注，如图 3-320 所示。

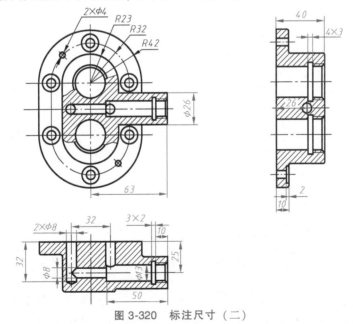

图 3-320　标注尺寸（二）

20）选择"机械制图"标注样式，使用标注命令和"多行文字"命令完成所有倒角尺寸、角度尺寸、深度尺寸、螺纹尺寸和带公差尺寸的标注，如图 3-321 所示。

21）使用"插入块"命令，插入几何公差基准符号和相应数值的表面粗糙度符号，如图 3-322 所示。

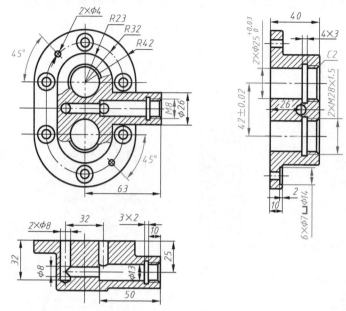

图 3-321 标注尺寸（三）

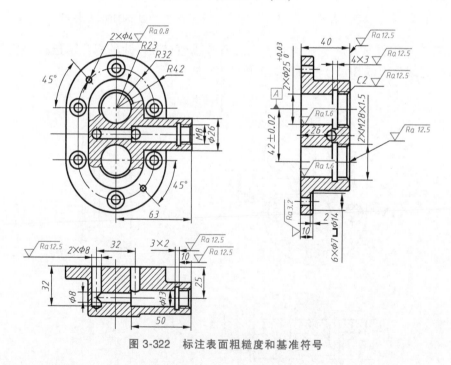

图 3-322 标注表面粗糙度和基准符号

22）选择"粗实线"图层 💡 ☀ ⛛ □ 粗实线 ▼，使用"多段线"命令绘制剖切符号；使用"多行文字"命令注写字母和技术要求；使用"快速引线"命令，在指定第一个引线点前输入"S"，按〈Enter〉键或〈Space〉键确认后，系统弹出"快速引线设置"对话框，切换到公差选项，单击"确定"按钮，完成引线指定后按〈Enter〉键或〈Space〉键确认，系统自动弹出"形位公差"对话框，标注平行度几何公差。垂直度几何公差按同样标注方法，如图 3-323 所示。

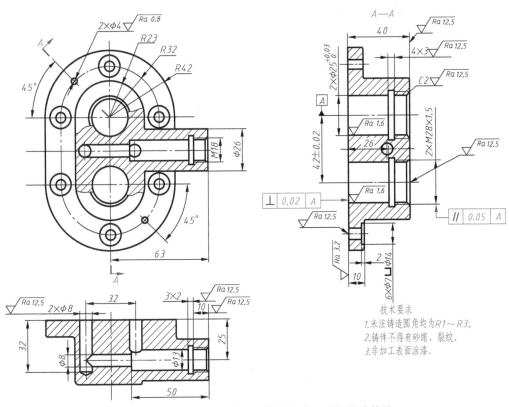

图 3-323　标注剖切符号、技术要求和几何公差符号

任务3.3　练　习　题

1. 绘制 M8×25 六角头螺栓（GB/T 5783—2016）（小径为 7.188mm），如图 3-324 所示。

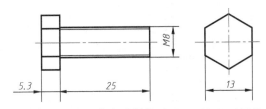

图 3-324　M8×25 六角头螺栓（GB/T 5783—2016）

2. 绘制 M16×80 六角头螺栓（GB/T 5782—2016）（小径为 13.853mm，螺纹段公称长度为 38mm），如图 3-325 所示。

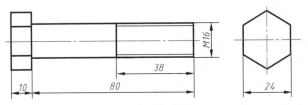

图 3-325　M16×80 六角头螺栓（GB/T 5782—2016）

3. 绘制 M8 六角螺母（GB/T 6170—2015），如图 3-326 所示。

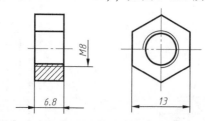

图 3-326　M8 六角螺母（GB/T 6170—2015）

4. 绘制键 C10×8×32（GB/T 1096—2003），如图 3-327 所示。

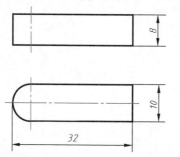

图 3-327　键 C10×8×32（GB/T 1096—2003）

5. 绘制从动齿轮零件图，如图 3-328 所示。

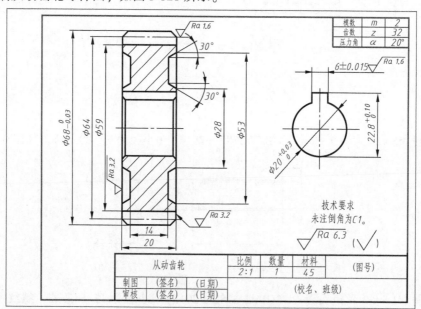

图 3-328　从动齿轮零件图

6. 绘制从动轴零件图，如图 3-329 所示。

7. 绘制透盖零件图，如图 3-330 所示。

8. 绘制轴承座零件图，如图 3-331 所示。

9. 绘制底座零件图，如图 3-332 所示。

10. 绘制拨叉零件图，如图 3-333 所示。

11. 绘制托架零件图，如图 3-334 所示。

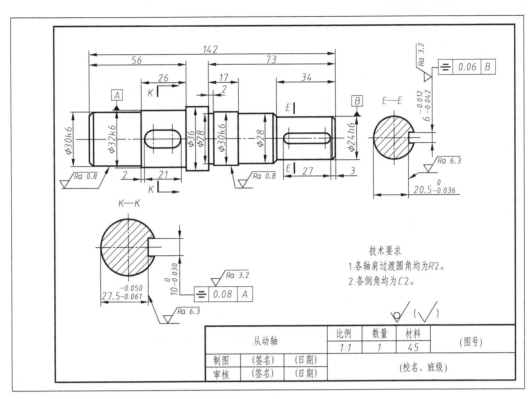

图 3-329　从动轴零件图

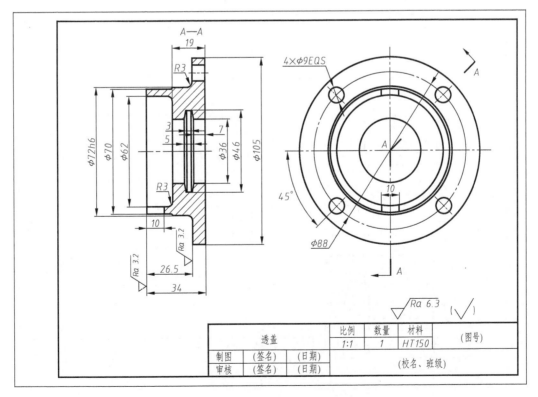

图 3-330　透盖零件图

163

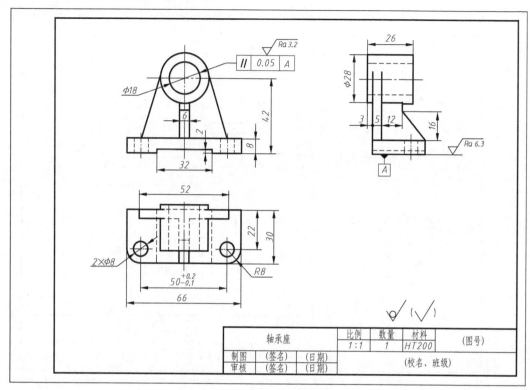

图 3-331　轴承座零件图

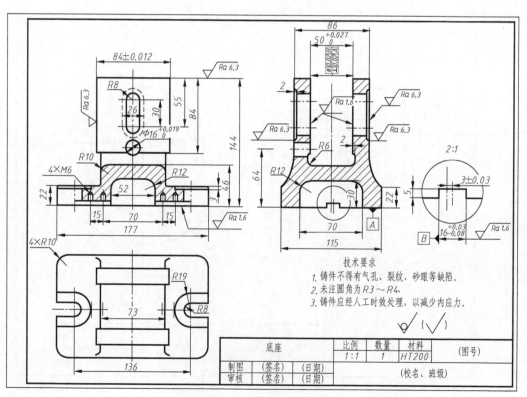

技术要求
1. 铸件不得有气孔、裂纹、砂眼等缺陷。
2. 未注圆角为 R3～R4。
3. 铸件应经人工时效处理，以减少内应力。

图 3-332　底座零件图

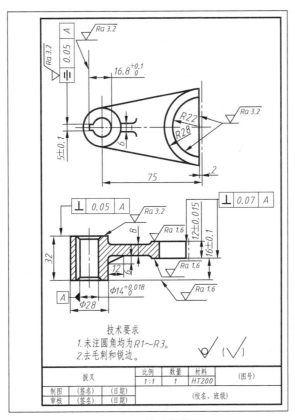

图 3-333　拨叉零件图

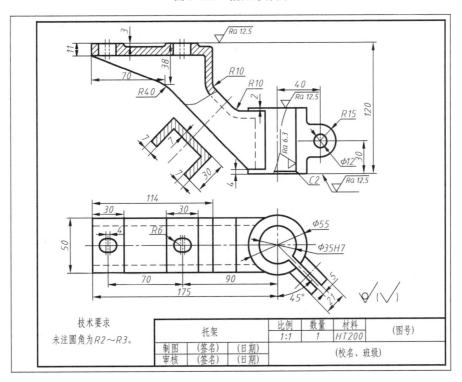

图 3-334　托架零件图

12. 绘制泵体零件图，如图 3-335 所示。

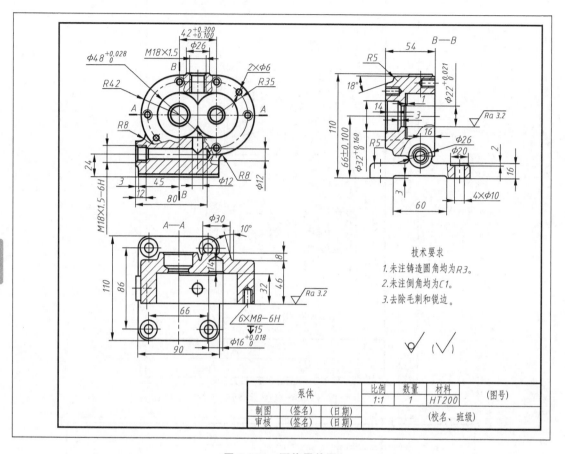

图 3-335　泵体零件图

装配图绘制篇

学习目标

1）了解装配图的组成和装配关系。
2）了解绘制装配图的内容和步骤。
3）掌握装配图的常用绘制方法。
4）掌握装配图的尺寸标注、零件序号标注和明细栏填写的方法。

学习重点

1）装配图的拼画方法和步骤。
2）各种编辑、修改命令的应用。

学习难点

1）装配图的拼画步骤和技巧。
2）装配图的尺寸标注。

任务 4.1　装配图的画法

装配图通常用来表达机器或部件的结构形状、装配关系、工作原理和技术要求，是安装、调试、装配、维修机器或部件的重要技术文件。

4.1.1　绘制装配图的内容和步骤

一幅完整的装配图，其内容主要包括：
1）一组视图。
2）必要的尺寸。
3）技术要求。
4）零部件序号、标题栏和明细栏。
装配图的绘制过程与零件图的基本相似，同时又有其自身的特点。绘制装配图的一般步骤有：
1）绘制装配图模板。
2）绘制装配图。
3）标注装配图的尺寸。

4）编写零、部件序号。

5）绘制并填写标题栏、明细栏及技术要求。

6）保存图形文件。

4.1.2 装配图的绘制方法

在现代的 AutoCAD 机械设计中，绘制装配图的主要方法有：

1）根据零件图直接绘制装配图，适用于比较简单的装配图。

2）零件图块插入法。首先绘制出装配图中的各个零件图，将各个零件图创建为块，然后选择一个主体零件图，将其他主要零件图以插入块的方法绘制装配图。

任务4.2　绘制装配图

4.2.1 齿轮泵装配图绘制要求

鉴于齿轮泵结构形状相对复杂，装配关系多样化，拟采用零件图块插入法绘制齿轮泵装配图。零件图的绘图比例、视图表达方案、图纸布局等内容不完全统一，为了方便拼画装配图，在拼画装配图之前，常使用"缩放"命令将所有零件图缩放为相同的比例，再删除零件图中与装配无关的部分，如尺寸标注、技术要求等，只保留视图即可。

在拼画装配图时，先确认装配图的整体视图表达方案，然后根据装配图中各零件之间的装配关系和工作原理，按顺序调用零件图拼画装配图。先完成视图的拼画；再选择合适的比例，将视图移动至图纸范围内进行图纸布局；然后标注必要的尺寸、绘制零件序号、编辑填写明细栏；最后填写标题栏、编写技术要求。

4.2.2 拼画齿轮泵装配图

1. 装配图分析

齿轮泵装配图的视图包含主视图、俯视图、左视图和一个向视图，如图4-1所示。拼画视图时，先拼画基体零件，然后根据装配图视图表达需要，按顺序调用零件图拼画装配图的其余组成部件。

2. 装配图拼画

齿轮泵装配图视图拼画的步骤如下：

1）加载"A1样板"图形文件。

2）使用"插入块"命令，系统弹出"插入"对话框，勾选"分解"选项和"统一比例"选项，单击"浏览"按钮，选择"泵座"零件图，如图4-2所示。

3）单击"确定"按钮，在合适的位置放置被插入的零件图，完成"泵座"零件图的调用，如图4-3所示。

4）根据装配图的视图表达，使用"镜像""复制""删除"等命令编辑"泵座"零件图，保留装配图需要的部分，如图4-4所示。

5）使用"插入块"命令，调用"大垫片"零件图；使用"移动"命令，将大垫片移动至装配图的左视图中，并编辑左视图，如图4-5所示。

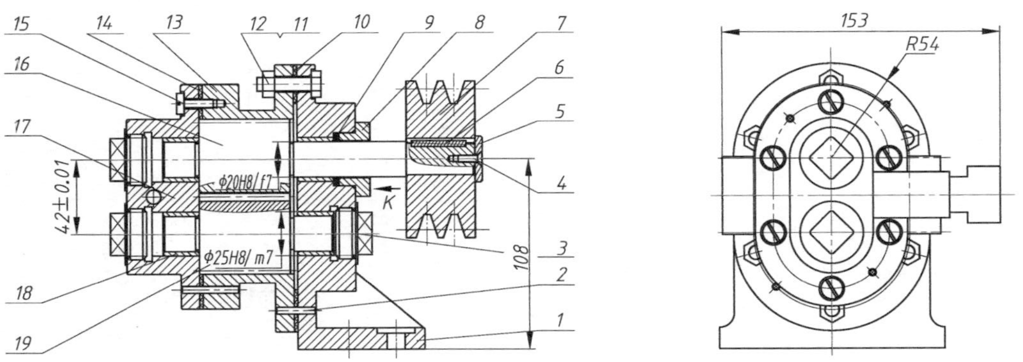

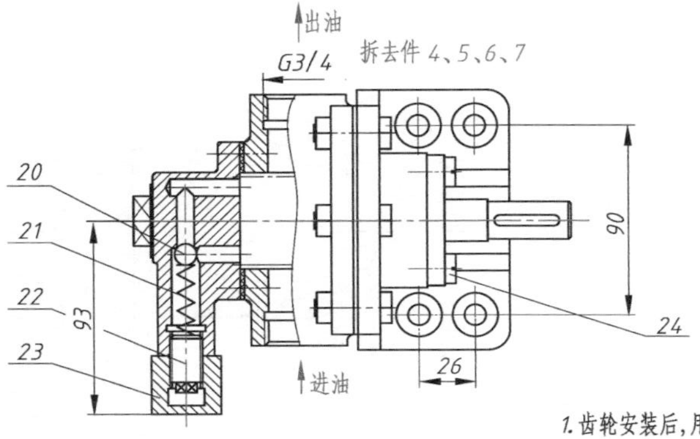

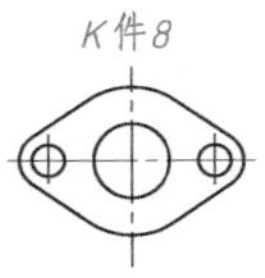

技术要求

1. 齿轮安装后,用手转动齿轮时，应灵活旋转。

2. 两齿轮轮齿的啮合面占齿长的3/4以上。

3. 不得有渗漏现象。

序号	代号	名称	数量	材料	单件质量	总计质量	备注
24	GB/T 67—2016	螺钉M6×30	1	Q235			
23		锁紧螺母	1	Q235			
22		调节螺钉	1	Q235			
21	GB/T 2089—2009	弹簧	1	65Mn			
20	GB/T 17445—2009	钢球φ12	1				
19		从动齿轮轴	1	45			
18		衬套	4	ZCuSn5PbZn5			
17		泵盖	1	HT200			
16		主动齿轮轴	1	45			
15	GB/T 67—2016	螺钉M5×16	6	Q235			
14		小垫圈	1	石棉橡胶片			
13		泵体	1	HT200			
12	GB/T 6170—2015	螺母M8	6	Q235			
11	GB/T 5783—2016	螺栓M8×30	6	Q235			
10		大垫圈	1	石棉橡胶片			
9		填料	1	羊毛毡			
8		压盖	1	Q235			
7		带轮	1	HT200			
6	GB/T 1096—2003	平键5×5×28	1	45			
5		挡圈	1	15F			
4	GB/T 68—2016	螺钉M4×10	1	Q235			
3		螺塞	3	Q235			
2	GB/T 119.2—2000	圆柱销4×22	4	35			
1		泵座	1	HT200			

						(材料标记)		(单位名称)
标记	处数	分区	更改文件号	(签名)	年、月、日			齿轮泵
设计	(签名)	(年月日)	标准化	(签名)	(年月日)	阶段标记	质量	比例
								1:1
审核								(图样代号)
工艺			批准			共 张 第 张		(投影符号)

图 4-1 齿轮泵装配图

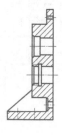

图 4-2　"插入"对话框

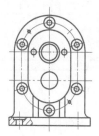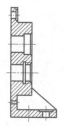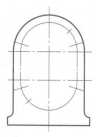

图 4-3　调用"泵座"零件图　　　　　　　　图 4-4　编辑"泵座"零件图

6）补画大垫片的主视图和俯视图，编辑左视图，完成大垫片的拼画，如图 4-6 所示。

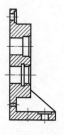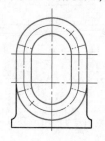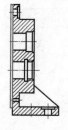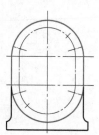

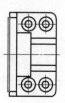

图 4-5　拼画大垫片左视图　　　　　　　　图 4-6　完善装配图的大垫片

7）使用"插入块"命令，调用"泵体"零件图，如图4-7所示。

8）使用"镜像""移动"等命令编辑"泵体"零件图，并将泵体拼画到装配图的主视图和左视图，如图4-8所示。

9）根据泵体的零件图和齿轮泵装配图的视图表达，在装配图的俯视图中绘制泵体，如图4-9所示。

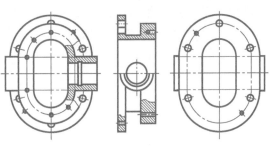

图4-7 调用"泵体"零件图

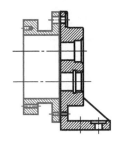 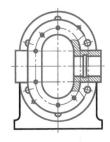 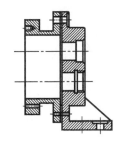 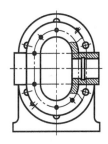

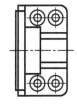

图4-8 拼画泵体主视图和左视图

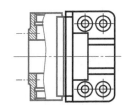

图4-9 绘制泵体俯视图

10）绘制小垫片，完成小垫片的装配，如图4-10所示。

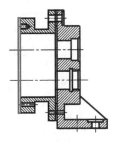 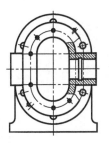

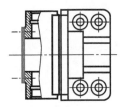

图4-10 绘制小垫片

171

11）使用"插入块"命令，调用"泵盖"零件图，如图 4-11 所示。

12）使用"镜像""移动""旋转"等命令编辑"泵盖"零件图，并以插入块的方法将泵盖拼画到装配图，如图 4-12 所示。

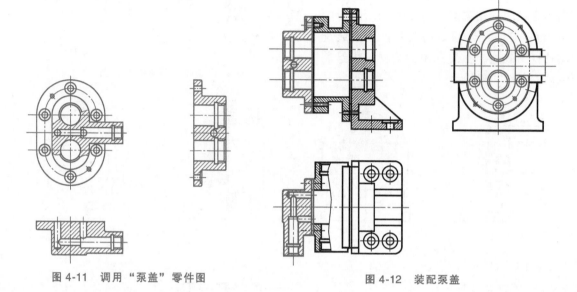

图 4-11　调用"泵盖"零件图

图 4-12　装配泵盖

13）使用"插入块"命令，调用"主动齿轮轴"零件图，如图 4-13 所示。

14）使用"复制""移动"等命令，将主动齿轮轴拼画到装配图的主视图和俯视图；利用"删除""修剪"等命令编辑完善主动齿轮轴的装配，如图 4-14 所示。

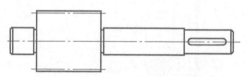

图 4-13　调用"主动齿轮轴"零件图

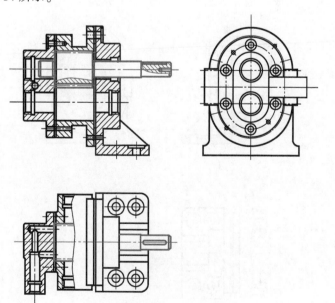

图 4-14　装配主动齿轮轴

15）使用"插入块"命令，调用"从动齿轮轴"
零件图，如图4-15所示。

16）使用"复制""移动"等命令，将从动齿轮轴
拼画到装配图的主视图；使用"删除""修剪"等命令
编辑完善从动齿轮轴的装配，如图4-16所示。

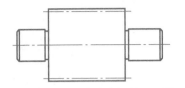

图4-15　调用"从动齿轮轴"零件图

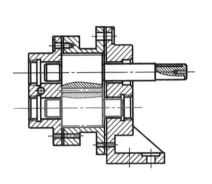
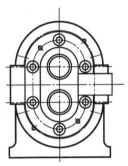

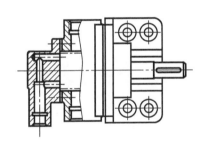

图4-16　装配从动齿轮轴

17）使用"插入块"命令，调用"衬套"零件图，如
图4-17所示。

18）使用"复制""移动"等命令，将衬套拼画到装配
图的主视图；使用"删除""修剪"等命令编辑完善衬套的
装配，如图4-18所示。

19）使用"插入块"命令，调用"螺塞"零件图，如
图4-19所示。

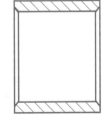

图4-17　调用"衬套"零件图

20）使用"复制""移动"等命令，将螺塞拼画到装配图；使用"删除""修剪"等命
令编辑并完善螺塞的装配，如图4-20所示。

21）使用"插入块"命令，调用"压盖"零件图，如图4-21所示。

22）使用"旋转"命令编辑压盖的左视图，再根据压盖的左视图修改压盖的主视图；
使用"复制"或"移动"命令，将压盖拼画到装配图的主视图和俯视图，同时创建压盖的
向视图；使用"删除""修剪"等命令编辑完善压盖的装配；使用"图案填充"命令填充
填料区，完成填料的装配，如图4-22所示。

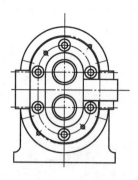

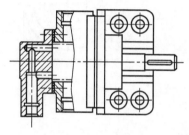

图 4-18　装配衬套

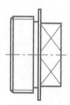

图 4-19　调用"螺塞"零件图

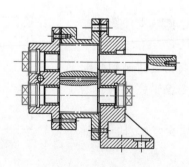 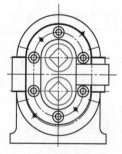

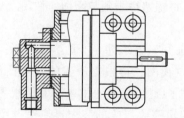

图 4-20　装配螺塞

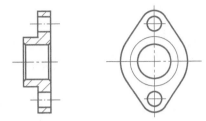

图 4-21　调用"压盖"零件图

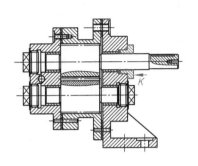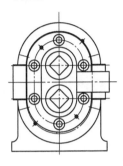

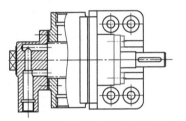

K件8

图 4-22　装配压盖，并绘制填料

23）使用"插入块"命令，调用"带轮"零件图，如图 4-23 所示。

24）使用"复制"或"移动"命令，将带轮拼画到装配图的主视图；使用"删除""修剪"等命令编辑并完善带轮的装配；绘制圆头平键，完成平键的装配，如图 4-24 所示。

25）使用"插入块"命令，调用"挡圈"零件图；使用"复制"或"移动"命令，将挡圈拼画到装配图的

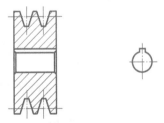

图 4-23　调用"带轮"零件图

主视图；使用"删除""修剪"等命令，编辑并完善挡圈的装配；绘制紧固螺钉，完成螺钉的装配，如图 4-25 所示。

26）使用"插入块"命令，调用"调节螺钉"零件图和"锁紧螺母"零件图，将调节螺钉和锁紧螺母拼画到装配图的俯视图，并拼画锁紧螺母到装配图的左视图；使用"删除""修剪"等命令，编辑完善调节螺钉和锁紧螺母的装配；绘制弹簧和钢球，完成弹簧和钢球的装配，如图 4-26 所示。

27）使用"插入块"命令，调用"螺栓"零件图和"螺母"零件图，将螺栓和螺母拼画到装配图；绘制螺钉和销钉，完成螺钉和销钉的装配，如图 4-27 所示。

175

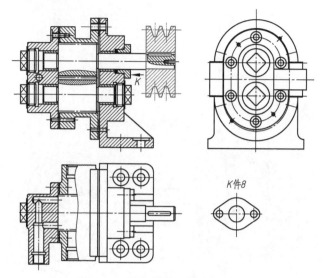

图 4-24　装配带轮，并绘制平键

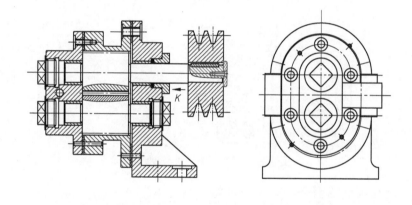

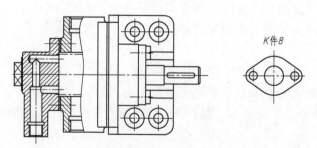

图 4-25　装配挡圈，并绘制螺钉

3. 图纸的布局

在进行图纸布局时，先根据视图的尺寸大小和图纸幅面尺寸大小，确定适当的绘图比例，再根据绘图比例将视图进行缩放，然后通过"移动"命令将装配图中几个主要的位置视图进行调整，预留尺寸标注、零件序号、明细栏和技术要求的位置。

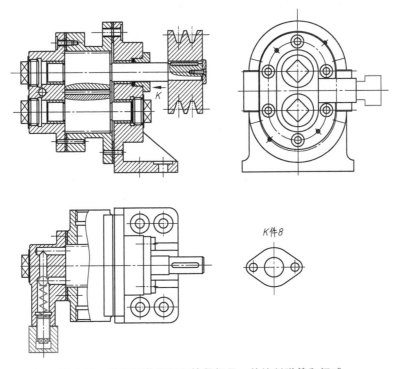

图 4-26 装配调节螺钉和锁紧螺母，并绘制弹簧和钢球

177

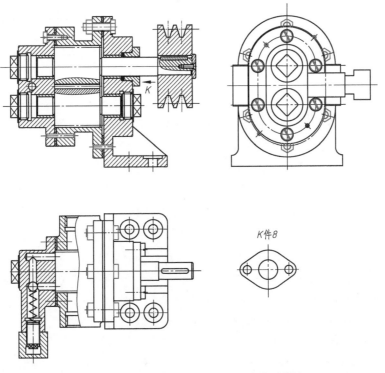

图 4-27 装配螺栓和螺母，并绘制螺钉和销钉

齿轮泵的装配图按 1：1 的比例进行布局，如图 4-28 所示。

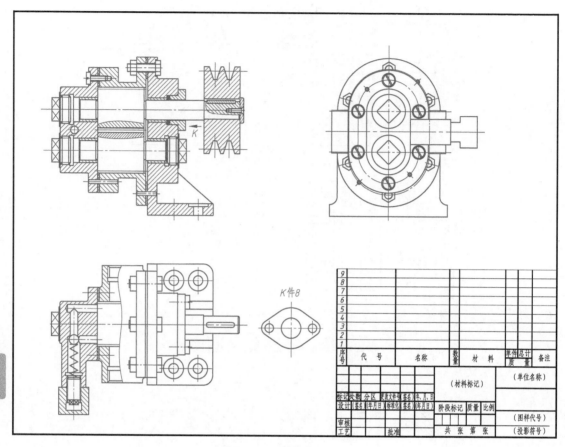

图 4-28　布局装配图

4．标注必要的尺寸

分别选择各种标注工具，在装配图中标注反映产品或部件的规格、外形、装配、安装所需的必要尺寸和一些重要尺寸，如图 4-29 所示。

5．绘制零件序号、编写明细栏

1）设置"多重引线样式"。单击"格式"下的"多重引线样式"，弹出"多重引线样式管理器"对话框，单击"修改"按钮，将"引线格式"中"箭头"选项的"符号"更改为"小点"或"无"，"大小"更改为"2"，如图 4-30 所示。将"引线结构"中"基线设置"选项的"设置基线距离"更改为"20"，如图 4-31 所示。

2）绘制并注写零件序号。利用"多重引线"命令，在装配图中按顺序绘制各主要零件的引线，然后通过"注释"中的"多行文字"命令填写零件 1 的序号，文字对齐样式设置为"居中"对齐，将零件 1 的注释文本复制到其余各零件序号位置，双击"文本注释"按顺序更改零件序号，如图 4-32 所示。

3）绘制零件明细栏。根据零件序号，明细栏中需要填写的零件明细有 24 个，按照国家标准要求，先绘制好零件明细栏。

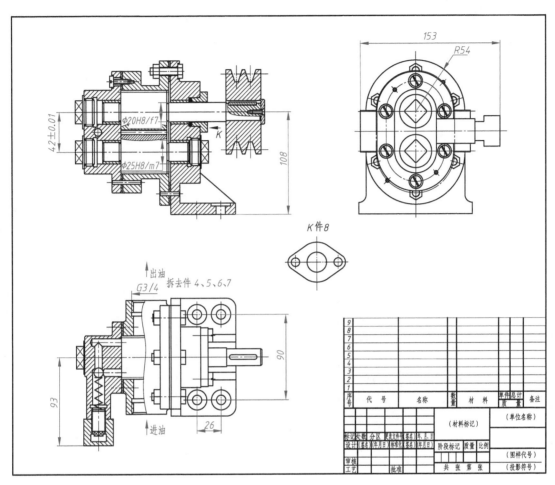

图 4-29 尺寸标注

图 4-30 设置引线格式

4）填写零件明细栏，优化视图布局。在绘制好的零件明细栏中，每个零件明细栏的尺寸大小完全一致，因此，可以先通过"多行文字"命令完整填写零件 1 的明细栏，再将零件 1 明细栏中的文本复制到其余各零件明细栏中，然后更改其余零件明细栏需要填写的内容。填写完明细栏之后，调整向视图的位置，优化齿轮泵装配图的布局，如图 4-33 所示。

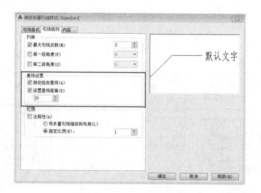

图 4-31 设置引线结构

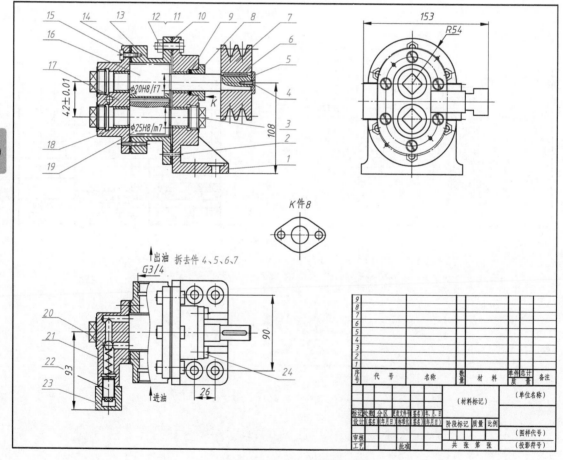

图 4-32 绘制并注写零件序号

6. 编写技术要求、填写标题栏

在装配图中用文字或国家标准规定的符号注写出该装配体在装配、检验、使用等方面的技术要求，填写完整标题栏，完成齿轮泵装配图的绘制，如图 4-34 所示。

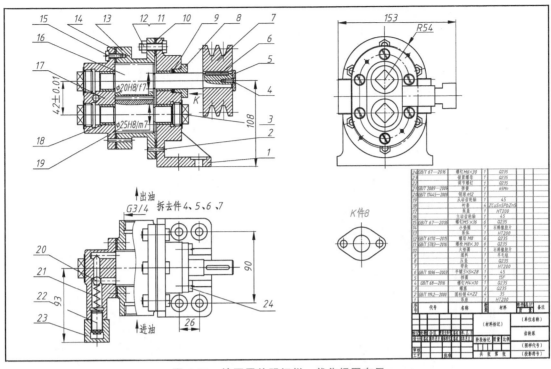

图 4-33 填写零件明细栏,优化视图布局

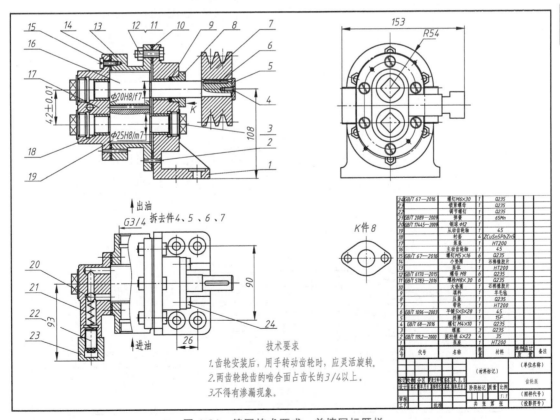

技术要求
1.齿轮安装后,用手转动齿轮轴时,应灵活旋转。
2.两齿轮轮齿的啮合面占齿长的3/4以上。
3.不得有渗漏现象。

图 4-34 编写技术要求,并填写标题栏

任务4.3 练 习 题

按照装配图的绘制思路、方法和步骤，绘制如图4-35所示的滑动轴承装配图。滑动轴承座零件图、滑动轴承盖零件图、上衬套零件图和下衬套零件图分别如图4-36、图4-37、图4-38和图4-39所示。

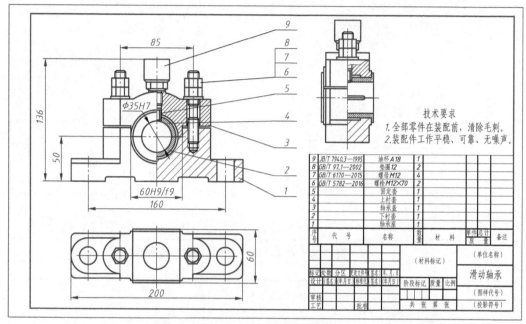

9	JB/T 7940.3—1995	油杯 A18	1			
8	GB/T 97.1—2002	垫圈 12	2			
7	GB/T 6170—2015	螺母 M12	4			
6	GB/T 5782—2016	螺栓 M12×70	2			
5		固定套	1			
4		上衬套	1			
3		轴承盖	1			
2		下衬套	1			
1		轴承座	1			
序号	代 号	名 称	数量	材 料	单件 总计 质 量	备注

技术要求
1. 全部零件在装配前，清除毛刺。
2. 装配件工作平稳、可靠、无噪声。

图 4-35 滑动轴承装配图

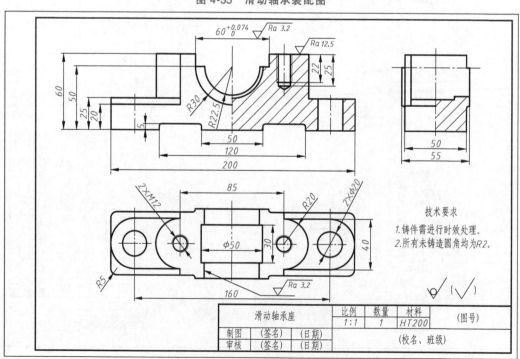

技术要求
1. 铸件需进行时效处理。
2. 所有未铸造圆角均为R2。

滑动轴承座			比例	数量	材料	(图号)
			1:1	1	HT200	
制图	(签名)	(日期)				(校名、班级)
审核	(签名)	(日期)				

图 4-36 滑动轴承座零件图

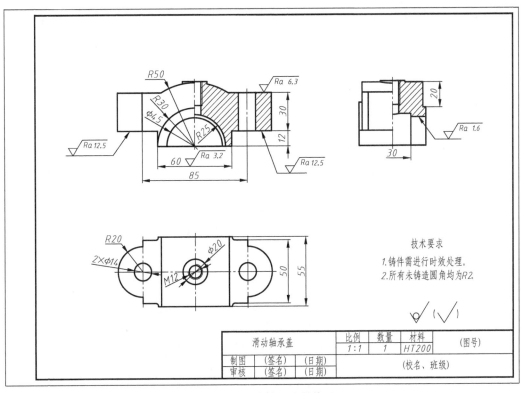

图 4-37 滑动轴承盖零件图

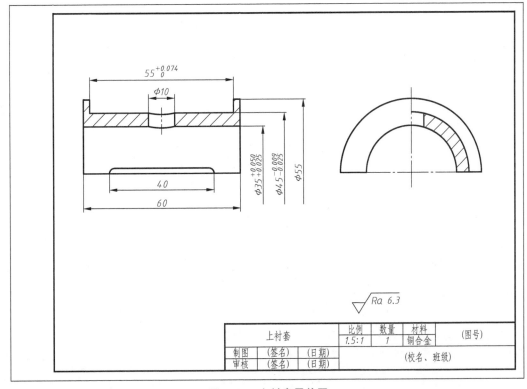

图 4-38 上衬套零件图

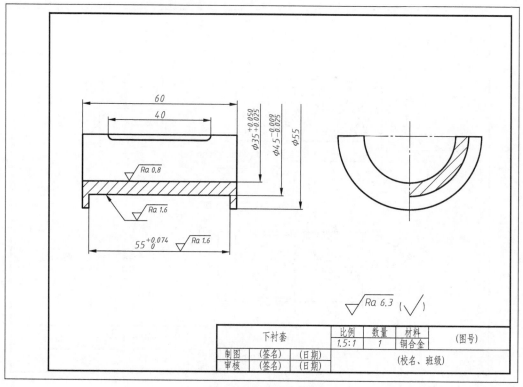

下衬套		比例	数量	材料	(图号)
		1.5:1	1	铜合金	
制图	(签名) (日期)			(校名、班级)	
审核	(签名) (日期)				

图 4-39 下衬套零件图

学习目标

1）掌握 AutoCAD2019 三维界面用户坐标系的使用方法。

2）掌握三维实体的绘制方法。

3）掌握三维实体的编辑方法。

学习重点

1）三维建模工具的运用。

2）三维实体编辑。

学习难点

三维实体编辑的应用。

任务 5.1　绘制锁紧螺母三维实体

螺纹是零件上常见的结构，常用的螺纹大部分都已标准化。对于同类规格的螺母，可以先创建一个标准螺母实体，然后根据公称直径进行缩放，根据长度进行切割即可。

已知锁紧螺母的零件图（图 5-1），通过绘制标准件锁紧螺母的三维实体（图 5-2），详

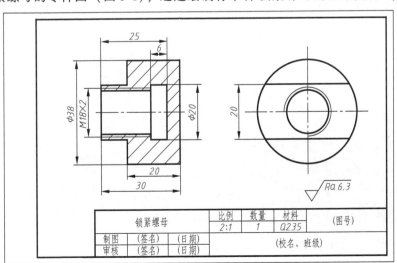

图 5-1　锁紧螺母零件图

细讲解各类螺纹的绘制方法和步骤。

绘制步骤如下：

1. 建立新文件

1）启动 AutoCAD2019 应用程序，单击快速访问工具栏中的"新建"按钮，系统弹出"选择样板"对话框，单击"打开"按钮右侧的小箭头，在下拉菜单中选择"无样板打开—公制（M）"选项，新建一个图形文件。

图 5-2　锁紧螺母三维实体

2）选择菜单"文件"→"另存为"选项，将图形保存为"锁紧螺母三维实体.dwg"。

2. 设置图层

在快速访问工具栏中将工作空间切换至"三维建模"，单击"常用"选项卡"图层"面板中的"图层特性"按钮，系统弹出"图层特性管理器"对话框。单击"新建图层"按钮，将其命名为"轮廓线"，并设置各项参数，如图 5-3 所示。

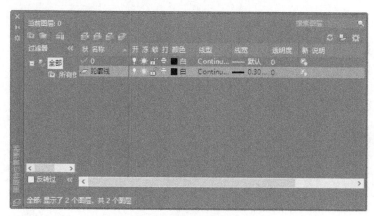

图 5-3　创建"轮廓线"层

3. 创建螺纹三维实体

1）绘制螺旋线。单击"常用"选项卡"绘图"面板中的"螺旋"按钮，或命令行输入"HELIX"，根据命令行提示设置底面中心点为"0，0，0"，底面半径与顶面半径均为 8.5mm，按〈Enter〉键或〈Space〉键确认，指定螺旋高度时先输入圈数（T）为 50，再指定螺旋高度为 50mm，按〈Enter〉键或〈Space〉键完成螺旋线的创建。命令行提示：

5-1　创建螺纹
三维实体

```
命令: _Helix
圈数 = 3.0000      扭曲=CCW
指定底面的中心点: 0,0,0
指定底面半径或 [直径(D)] <1.0000>: 8.5
指定顶面半径或 [直径(D)] <8.5000>:
指定螺旋高度或 [轴端点(A)/圈数(T)/圈高(H)/扭曲(W)] <1.0000>: T
输入圈数 <3.0000>: 50
指定螺旋高度或 [轴端点(A)/圈数(T)/圈高(H)/扭曲(W)] <1.0000>: 50
```

2）切换视图。为便于观察螺旋方向，单击"常用"选项卡"视图"面板中的"东南等轴测"按钮。

3）修改视觉样式。单击"常用"选项卡"视图"面板中"视觉样式"下拉菜单中的"隐藏"按钮[图]，或通过绘图框左上角视口配置中的[-]自定义视图[范围]进行修改，将图形显示为三维隐藏视觉样式，如图 5-4 所示。

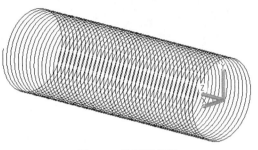

图 5-4　绘制螺旋线

4）调整坐标系方向。打开状态栏中的"正交"按钮[图]和"对象捕捉"按钮[图]，单击"常用"选项卡"坐标"面板中的"三点"按钮[图]，调整坐标系的方向，使螺旋线的起点处于 X 轴上，如图 5-5 所示。命令行提示：

```
命令: _ucs
当前 UCS 名称: *没有名称*
指定 UCS 的原点或 [面(F)/命名(NA)/对象(OB)/上一个(P)/视图(V)/世界
(W)/X/Y/Z/Z 轴(ZA)] <世界>: _3
指定新原点 <0,0,0>:
在正 X 轴范围上指定点 <1.0000,0.0000,0.0000>:
在 UCS XY 平面的正 Y 轴范围上指定点 <0.0000,1.0000,0.0000>:
```

5）缩放视图。单击"视图"选项卡"导航"面板中"范围"下拉菜单中的"全部"按钮[图]，缩放图形；或通过滚动鼠标滚轮，将绘制的图形放大显示。

6）旋转观察视图。单击"视图"选项卡"导航"面板中的"自由动态观察"按钮[图]，或通过按〈Shift+鼠标中键〉来调整观察方向。

图 5-5　调整坐标系方向

7）绘制等边三角形。单击"常用"选项卡"绘图"面板中的"正多边形"按钮[图]，或命令行输入"POLYGON"，绘制牙型的正三角形，输入侧面数为 3，按〈Enter〉键或〈Space〉键确认，然后指定螺旋线起点为正多边形中心点，按〈Enter〉键或〈Space〉键确认，继续按〈Enter〉键或〈Space〉键默认选项内接于圆（I），输入圆的半径"@ 0.5, 0"，按〈Enter〉键或〈Space〉键完成正三角形的绘制，如图 5-6 所示。命令行提示：

```
命令: _polygon 输入侧面数 <4>: 3
指定正多边形的中心点或 [边(E)]:
输入选项 [内接于圆(I)/外切于圆(C)] <I>:
指定圆的半径: @0.5,0
```

8）扫掠生成螺纹实体。单击"常用"选项卡"建模"面板中"拉伸"下拉菜单中的"扫掠"按钮[图]，或命令行输入"SWEEP"，设置创建模式，选择正三角形作为扫掠对象，按〈Enter〉键或〈Space〉键确认，然后选择螺旋线作为扫掠路径，按〈Enter〉键或〈Space〉键完成螺纹实体的创建，如图 5-7 所示。命令行提示：

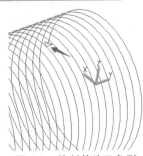

图 5-6　绘制等边三角形

```
命令：sweep
当前线框密度：ISOLINES=4，闭合轮廓创建模式 = 实体
选择要扫掠的对象或 [模式(MO)]：MO 闭合轮廓创建模式 [实体(SO)/曲面(SU)] <实体>：_SO
选择要扫掠的对象或 [模式(MO)]：找到 1 个
选择要扫掠的对象或 [模式(MO)]：
选择扫掠路径或 [对齐(A)/基点(B)/比例(S)/扭曲(T)]：
命令：SWEEP
当前线框密度：ISOLINES=4，闭合轮廓创建模式 = 实体
```

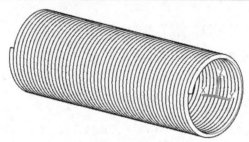

图 5-7　扫掠生成螺纹实体

4. 创建螺杆三维实体

1）绘制圆柱体。单击"常用"选项卡"视图"面板中的"俯视"按钮，单击"常用"选项卡"建模"面板中的"圆柱体"按钮，或命令行输入"CYLINDER"，创建半径为 8.3mm、高度为 50mm 的圆柱体，如图 5-8 所示。命令行提示：

5-2　创建螺杆三维实体

```
命令：cylinder
指定底面的中心点或 [三点(3P)/两点(2P)/切点、切点、半径(T)/椭圆(E)]：
指定底面半径或 [直径(D)]：8.3
指定高度或 [两点(2P)/轴端点(A)]：50
```

2）移动圆柱体。单击"常用"选项卡"修改"面板中的"三维移动"按钮，或命令行输入"3DMOVE"，根据命令行提示选中圆柱体底面的圆心点，将该圆心点移动至原点处。命令行提示：

```
命令：3dmove
选择对象：找到 1 个
选择对象：
指定基点或 [位移(D)] <位移>：
指定第二个点或 <使用第一个点作为位移>：0,0,0
```

3）合并三维实体。单击"常用"选项卡"实体编辑"面板中的"并集"按钮，或命令行输入"UNION"，根据命令行提示依次选择圆柱体和螺纹，按〈Enter〉键或〈Space〉键完成实体合并，如图 5-9 所示。命令行提示：

```
命令：union
选择对象：找到 1 个
选择对象：找到 1 个，总计 2 个
选择对象：
```

4）剖切三维实体。单击"常用"选项卡"视图"面板中的"概念"按钮，单击"常用"选项卡"实体编辑"面板中的"剖切"按钮，

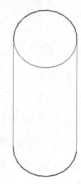

图 5-8　绘制圆柱体

188

或命令行输入"SLICE",选择三维实体作为剖切对象,指定切面平面为XY,单击"对象捕捉"面板中的"捕捉自"按钮,指定底面圆心为切面的起点,输入剖切面相对于基点的坐标"@0,0,10",再选中顶面圆心为所需侧面上的指定点,实现底部剖切,重复操作将上侧进行剖切,得到长度为19mm的螺杆三维实体,如图5-10所示。命令行提示:

图5-9 移动并合并三维实体

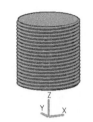

图5-10 剖切三维实体

```
命令:_slice
选择要剖切的对象:找到 1 个
选择要剖切的对象:
指定切面的起点或 [平面对象(O)/曲面(S)/z 轴(Z)/视图(V)/xy(XY)/yz(YZ)/zx(ZX)/
三点(3)] <三点>: xy 指定 XY 平面上的点 <0,0,0>:  from 基点: <偏移>: @0,0,10
在所需的侧面上指定点或 [保留两个侧面(B)] <保留两个侧面>:
命令:
SLICE
选择要剖切的对象:找到 1 个
选择要剖切的对象:
指定切面的起点或 [平面对象(O)/曲面(S)/z 轴(Z)/视图(V)/xy(XY)/yz(YZ)/zx(ZX)/
三点(3)] <三点>: xy
指定 XY 平面上的点 <0,0,0>: _from 基点: <偏移>: @0,0,-21
在所需的侧面上指定点或 [保留两个侧面(B)] <保留两个侧面>:
```

5. 创建锁紧螺母三维实体

1)绘制草图。单击"常用"选项卡"视图"面板中的"俯视"按钮，将螺旋底面置为当前绘图平面。单击"常用"选项卡"视图"面板中的"二维线框"按钮，绘制草图,如图5-11所示。

5-3 创建锁紧
螺母三维实体

2)创建面域1。单击"常用"选项卡"绘图"面板中的"面域"按钮，或命令行输入"REGION",根据命令行提示选择草图轮廓,按〈Enter〉键或〈Space〉键完成面域1的创建。命令行提示:

```
命令:_region
选择对象:找到 1 个
选择对象:找到 1 个,总计 2 个
选择对象:找到 1 个,总计 3 个
选择对象:找到 1 个,总计 4 个
选择对象:
已提取 1 个环。
已创建 1 个面域。
```

189

3）修改视觉样式。单击"常用"选项卡"视图"面板中的"概念"按钮，即可观察到面域1，如图5-12所示。

4）拉伸面域1。单击"视图"选项卡"导航"面板中的"自由动态观察"按钮，调整观察方向。单击"常用"选项卡"建模"面板中的"拉伸"按钮，或命令行输入

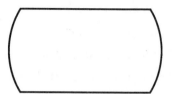

图 5-11　绘制草图

"EXTRUDE"，根据命令行提示选择面域1，沿Z轴正方向拉伸10mm，得到拉伸实体1，如图5-13所示。命令行提示：

```
命令:
命令: _extrude
当前线框密度: ISOLINES=4, 闭合轮廓创建模式 = 实体
选择要拉伸的对象或 [模式(MO)]: _MO 闭合轮廓创建模式 [实体(SO)/曲面(SU)] <实体>: _SO
选择要拉伸的对象或 [模式(MO)]: 找到 1 个
选择要拉伸的对象或 [模式(MO)]:
指定拉伸的高度或 [方向(D)/路径(P)/倾斜角(T)/表达式(E)] <10.0000>: 10
```

图 5-12　创建面域1

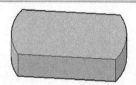

图 5-13　拉伸实体1

5）绘制圆柱体1。单击"常用"选项卡"视图"面板中的"俯视"按钮，单击"常用"选项卡"建模"面板中的"圆柱体"按钮，创建半径为19mm、高度为20mm的圆柱体1。

6）移动拉伸实体1。单击"常用"选项卡"修改"面板中的"三维移动"按钮，选中拉伸实体1下端面的圆心点，将其移动至圆柱体1上端面的圆心处，如图5-14所示。

7）合并三维实体1。单击"常用"选项卡"实体编辑"面板中的"并集"按钮，将拉伸实体1与圆柱体1进行合并。

8）绘制圆柱体2。单击"常用"选项卡"建模"面板中的"圆柱体"按钮，创建半径为10mm、高度为6mm的圆柱体2。

9）移动螺杆。单击"常用"选项卡"修改"面板中的"三维移动"按钮，选中螺杆下端面的圆心点，将其移动至圆柱体2上端面的圆心处，如图5-15所示。

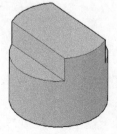

图 5-14　移动并合并三维实体1

图 5-15　移动并合并三维实体2

10）合并三维实体2。单击"常用"选项卡"实体编辑"面板中的"并集"按钮 ![]，将螺杆与圆柱体2进行合并。

11）移动三维实体2。单击"常用"选项卡"修改"面板中的"三维移动"按钮 ![]，选中合并后的螺杆上端面的圆心点，将其移动至合并体1上端面的圆心处，如图5-16所示。

12）差集绘制螺纹孔。单击"常用"选项卡"实体编辑"面板中的"差集"按钮 ![]，或命令行输入"SUBTRACT"，将拉伸后得到的三维实体与螺杆实体做差集运算以绘制螺纹孔，完成锁紧螺母三维实体，如图5-17所示。

图 5-16 移动并合并实体

图 5-17 差集绘制螺纹孔

任务5.2 绘制主动齿轮轴三维实体

齿轮轴是典型的轴套类零件，在模块3中已经绘制过主动齿轮轴的零件图（图5-18），

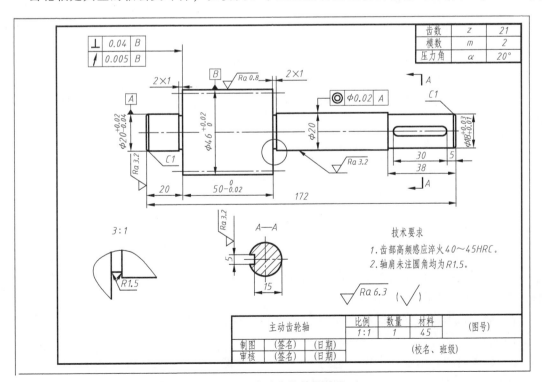

图 5-18 主动齿轮轴零件图

本任务将创建该零件的三维实体，如图 5-19 所示。对于回转类零件均可通过三维工具中的旋转工具来实现。

绘制步骤如下：

1. 建立新文件

1）单击快速访问工具栏中的"新建"按钮，系统弹出"选择样板"对话框，单击"打开"按钮右侧的小箭头，在下拉菜单中选择"无样板打开——公制（M）"选项，新建一个图形文件。

2）选择菜单"文件"→"另存为"选项，将图形保存为"主动齿轮轴三维实体.dwg"。

图 5-19　主动齿轮轴三维实体

2. 设置图层

单击"图层"面板"图层特性管理器"按钮，在弹出的"图层特性管理器"对话框中创建"轮廓线"层，修改其线宽为"0.3mm"。

3. 复制图形

1）打开零件图。单击快速访问工具栏中的"打开"按钮，打开图形文件"主动齿轮轴.dwg"，并关闭"标注"层、"点画线"层和"细实线"层。

5-4　绘制阶梯轴

2）复制零件图。单击菜单栏"编辑"中的"复制"按钮，将主视图中的上半部分图形以及一个长圆复制到粘贴板。

3）粘贴零件图。选择菜单"窗口"→"主动齿轮轴三维实体.dwg"选项，将该图形切换为当前图形。单击"常用"选项卡"视图"面板中的"前视"按钮，将前视置为当前绘图平面；单击菜单栏"编辑"中的"粘贴"按钮，在适当位置单击，将复制到粘贴板的图形粘贴到当前图形中，如图 5-20 所示。

4）修改图层。单击"常用"选项卡"图层"面板中的轮廓线，将其修改为轮廓线图层。

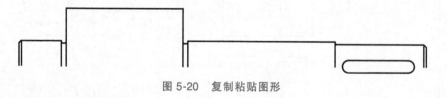

图 5-20　复制粘贴图形

4. 创建面域

1）绘制直线。打开状态栏中的"对象捕捉"功能，使用"直线"命令绘制一条水平直线，将轮廓左右两端点连接起来。

2）修剪轮廓线。分别使用"删除"命令和"修剪"命令编辑轮廓线，得到如图 5-21 所示的图形。

3）创建面域。单击"常用"选项卡"绘图"面板中的"面域"按钮，或命令行输入"REGION"，根据命令行提示选择封闭平面图形，按<Enter>键或<Space>键完成面域的创建。

4）修改视觉样式。单击"常用"选项卡"视图"面板中的"概念"按钮，即可观察到生成的面域，如图 5-22 所示。

图 5-21　连线，删除、修剪轮廓线　　　　　　　图 5-22　创建面域

5. 旋转面域

1）旋转面域。单击"常用"选项卡"建模"面板中的"旋转"按钮，或命令行输入"REVOLVE"，根据命令行提示选择面域和中心线，绕中心线旋转 360°，如图 5-23a 所示。

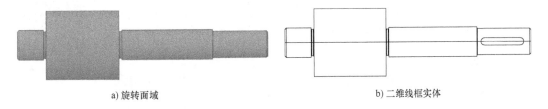

a) 旋转面域　　　　　　　　　　　　　b) 二维线框实体

图 5-23　旋转面域和二维线框实体

2）修改视觉样式。为便于观察内部长圆面域，单击"常用"选项卡"视图"面板中的"二维线框"按钮，如图 5-23b 所示。单击"视图"选项卡"导航"面板中的"自由动态观察"按钮，可调整其观察方向。

6. 绘制键槽

1）拉伸长圆。单击"常用"选项卡"建模"面板中的"拉伸"按钮，选择长圆面域创建平键实体，拉伸距离为 3mm，如图 5-24 所示。

2）三维移动平键。单击"常用"选项卡"修改"面板中的"三维移动"按钮，将平键实体沿 Z 轴移动 6mm，即移动的第二点与基点的相对坐标为"@0，0，6"，如图 5-25 所示。

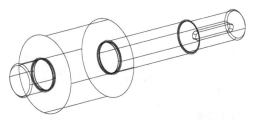

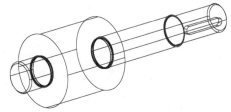

图 5-24　调整观察方向，拉伸长圆　　　　　　　图 5-25　移动平键实体

3）差集运算。单击"常用"选项卡"实体编辑"面板中的"差集"按钮，将旋转后得到的三维实体与平键实体做差集运算以创建键槽，如图 5-26 所示。

4）并集运算。单击"常用"选项卡"实体编辑"面板中的"并集"按钮，将所有三维实体合并。

5）修改视觉样式。单击"常用"选项卡"视图"面板中的"隐藏"按钮，创建出主动齿轮轴三维实体，如图 5-27 所示。

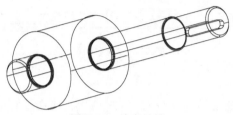

图 5-26　挖出键槽

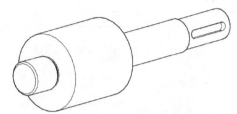

图 5-27　主动齿轮轴三维实体

7. 绘制齿轮

1）新建坐标系。单击"常用"选项卡"坐标"面板中的"UCS"按钮，选中 $\phi46mm$ 的圆心作为新的坐标系原点，以圆柱端面作为 XY 平面，如图 5-28 所示。

5-5　绘制齿轮

2）绘制圆。单击"常用"选项卡"绘图"面板中的"圆"按钮，以原点为圆心，分别绘制齿轮的齿顶圆（$d_a = 46mm$）、齿根圆（$d_f = 37mm$）、分度圆（$d = 42mm$），如图 5-29 所示。

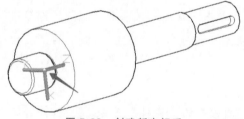

图 5-28　创建新坐标系

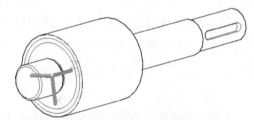

图 5-29　绘制齿顶圆、齿根圆、分度圆

3）绘制辅助线。单击"常用"选项卡"绘图"面板中的"直线"按钮，利用"直线"命令过同心圆的圆心和 $\phi46mm$ 齿顶圆的第二象限点绘制一条辅助线，如图 5-30a 所示。

4）环形阵列。单击"常用"选项卡"修改"面板中的"环形阵列"按钮，对所绘辅助线进行环形阵列，阵列数为 $8z$（$= 168$），如图 5-30b 所示。

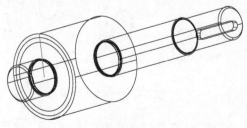

a) 绘制辅助线

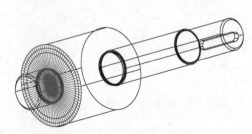

b) 环形阵列

图 5-30　绘制等分线

5）绘制轮廓线。单击"常用"选项卡"绘图"面板中的"样条曲线"按钮，捕捉交点绘制样条曲线，即齿轮的轮廓线，如图 5-31 所示。

6）修剪轮廓线。使用"修剪"命令和"删除"命令将多余线条修剪掉，留下待拉伸轮廓线，如图 5-32 所示。

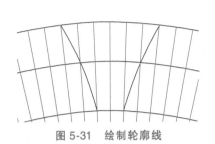

图 5-31　绘制轮廓线

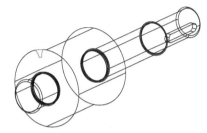

图 5-32　修剪出待拉伸轮廓线

7）创建面域。单击"常用"选项卡"绘图"面板中的"面域"按钮，将图 5-32 中封闭平面图形创建为面域。

8）拉伸面域。单击"常用"选项卡"建模"面板中的"拉伸"按钮，将面域沿轴向拉伸 50mm，如图 5-33 所示。

9）环形阵列。单击"常用"选项卡"修改"面板中的"环形阵列"按钮，对拉伸体进行环形阵列，如图 5-34 所示。命令行提示：

```
命令: _arraypolar
选择对象: 找到 1 个
选择对象:
类型 = 极轴　关联 = 是
指定阵列的中心点或 [基点(B)/旋转轴(A)]:
选择夹点以编辑阵列或 [关联(AS)/基点(B)/项目(I)/项目间角度(A)/填充角度(F)/行
(ROW)/层(L)/旋转项目(ROT)/退出(X)] <退出>: as
创建关联阵列 [是(Y)/否(N)] <是>: n
选择夹点以编辑阵列或 [关联(AS)/基点(B)/项目(I)/项目间角度(A)/填充角度(F)/行
(ROW)/层(L)/旋转项目(ROT)/退出(X)] <退出>: i
输入阵列中的项目数或 [表达式(E)] <6>: 21
```

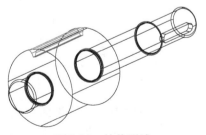

图 5-33　拉伸面域

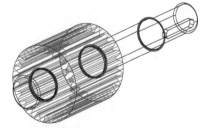

图 5-34　环形阵列

10）差集运算。单击"常用"选项卡"实体编辑"面板中的"差集"按钮，对阵列的拉伸体进行求差；单击"常用"选项卡"视觉"面板中的"概念"按钮，结果如图 5-35 所示。

图 5-35　求差得到齿轮轴

8. 渲染保存

1）单击"可视化"选项卡"渲染"面板中的下拉箭头，系统弹出"渲染预设管理器"选项板，在"渲染大小"下拉列表中选择"1024×768"选项，在"渲染位置"下拉列表中选择"视口"选项，如图 5-36所示。

5-6　三维渲染

2）关闭"渲染预设管理器"选项板后，单击"可视化"选项卡"材质"面板中的"材质浏览器"按钮，系统弹出如图 5-37 所示的"材质浏览器"选项板。在"创建新材质"下拉菜单中选择"金属漆"选项，系统弹出如图 5-38 所示的"材质编辑器"选项板。

图 5-36　"渲染预设管理器"选项板

图 5-37　"材质浏览器"选项板

3）单击"颜色"选项框，在弹出的"选择颜色"对话框中选择渲染的颜色，创建的"金属漆"材质便显示在材质浏览器中，如图 5-39 所示。在材质浏览器中单击创建的新材质并移动光标，将新材质拖到绘图区中所有三维实体上，重复拖动新材质，即可将"金属漆"材质应用于三维实体上。关闭"材质浏览器"选项板和"材质编辑器"选项板。

4）选择菜单"视图"→"命名视图"选项，系统弹出"视图管理器"对话框，如图 5-40 所示。

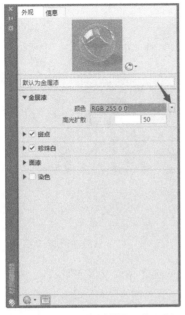

图 5-38 "材质编辑器"选项板

图 5-39 在材质浏览器中显示新材质

在视图查看栏选中"模型视图",单击"新建"按钮,弹出"新建视图"对话框,如图 5-41 所示,在"视图名称"文本框中输入"渲染视图",在"背景"下拉列表中选择"纯色"选项,弹出如图 5-42 所示的"背景"对话框,单击"颜色"选项框,弹出"选择颜色"对话框,并打开"真色彩"选项卡,在颜色栏任意单击后,将颜色滑块拖至最上方,即将背景颜色设置为"白色",如图 5-43 所示。单击"确定"按钮,在"视图管理器"对话框中选中"渲染视图",单击"置为当前"按钮,将"渲染视图"设置为当前视图。

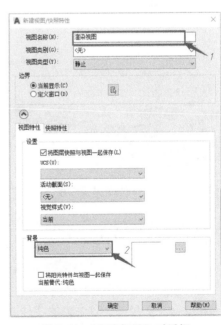

图 5-41 "新建视图"对话框

图 5-40 "视图管理器"对话框

图 5-42 "背景"对话框

图 5-43 将背景颜色设置为白色

5）单击"可视化"选项卡"渲染"面板中的"渲染到尺寸"按钮 ，系统便开始在视口渲染主动齿轮轴三维实体，结果如图 5-44 所示。

6）在"渲染"面板中"渲染位置"下拉列表中选择"视口"选项，用于绘图区的渲染；如果选择"窗口"选项，将在弹出的"渲染"窗口内进行渲染，如图 5-45 所示。选择"渲染"对话框中的菜单"文件"→"保存"选项，可将渲染的三维实体保存为图像文件。

图 5-44 在视口渲染主动齿轮轴三维实体

图 5-45 在渲染窗口渲染主动齿轮轴三维实体

7）单击快速访问工具栏中的"保存"按钮，保存创建的主动齿轮轴三维实体。

任务 5.3 绘制泵盖三维实体

模块 3 中已经绘制过泵盖的零件图（图 5-46），泵盖形状较复杂，内含多个沉头孔和螺纹孔，本任务将创建该零件的三维实体，如图 5-47 所示。

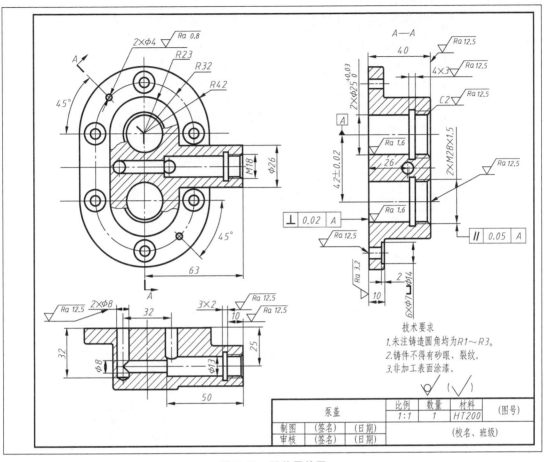

图 5-46　泵盖零件图

绘制步骤如下：

1. 建立新文件

1）单击快速访问工具栏中的"新建"按钮 ，系统弹出"选择样板"对话框，单击"打开"按钮右侧的小箭头，在下拉菜单中选择"无样板打开—公制（M）"选项，新建一个图形文件。

2）选择菜单"文件"→"另存为"选项，将图形保存为"泵盖三维实体.dwg"。

2. 设置图层

单击"常用"选项卡"图层"面板中的"图层特性"按钮 ，在弹出的"图层特性管理器"对话框中创建"轮廓线"层和"中心线"层，如图5-48所示。

3. 创建拉伸体

1）绘制草图1。单击"常用"选项卡"视图"面板中的"前视"按钮 ，将前视置为当前绘图平面，并绘制草图1，如图5-49所示。

2）创建面域。关闭"中心线"图层，单击"常用"选项卡"绘图"面板中的"面域"按钮 ，将图5-49中由线条构成的封闭平面图形创建为面域。单击"常用"选项卡"视

图 5-47　泵盖三维实体

199

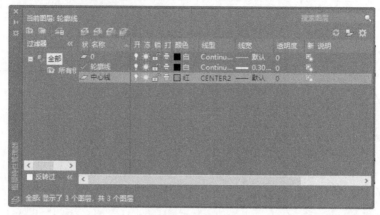

图 5-48　设置图层

觉"面板中的"概念"按钮 ，即可观察到面域，如图 5-50 所示。

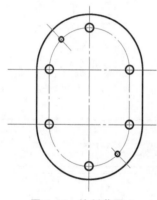

图 5-49　绘制草图 1

图 5-50　创建面域

3）差集运算。单击"常用"选项卡"实体编辑"面板中的"差集"按钮 ，将生成面域 1，如图 5-51 所示。

4）拉伸面域 1。单击"视图"选项卡"导航"面板中的"自由动态观察"按钮 ，调整观察方向。单击"常用"选项卡"建模"面板中的"拉伸"按钮 ，将面域 1 沿 Z 轴正方向拉伸 10mm，得到拉伸实体 1，如图 5-52 所示。

图 5-51　差集生成面域 1

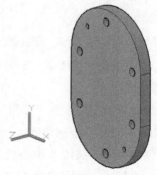

图 5-52　拉伸实体 1

5）创建圆柱体1。单击"常用"选项卡"建模"面板中的"圆柱体"按钮，创建半径为7mm、高度为2mm的圆柱体1，如图5-53所示。

6）三维移动圆柱体1。打开状态栏中的"对象捕捉"按钮，单击"常用"选项卡"修改"面板中的"三维移动"按钮，将圆柱体1移动到拉伸实体1中，如图5-54所示。

7）复制圆柱体1。单击"常用"选项卡"修改"面板中的"复制"按钮，将圆柱体1依次复制到拉伸实体1的孔中心处，如图5-55所示。命令行提示：

```
命令: _copy
选择对象: 找到 1 个
选择对象:
当前设置: 复制模式 = 多个
指定基点或 [位移(D)/模式(O)] <位移>:
指定第二个点或 [阵列(A)] <使用第一个点作为位移>:
指定第二个点或 [阵列(A)/退出(E)/放弃(U)] <退出>:
指定第二个点或 [阵列(A)/退出(E)/放弃(U)] <退出>:
指定第二个点或 [阵列(A)/退出(E)/放弃(U)] <退出>:
指定第二个点或 [阵列(A)/退出(E)/放弃(U)] <退出>:
指定第二个点或 [阵列(A)/退出(E)/放弃(U)] <退出>:
指定第二个点或 [阵列(A)/退出(E)/放弃(U)] <退出>:
```

图 5-53　创建圆柱体1

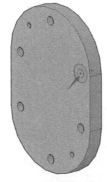

图 5-54　移动到拉伸实体1

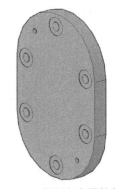

图 5-55　复制多个圆柱体1

8）差集创建沉头孔。单击"常用"选项卡"实体编辑"面板中的"差集"按钮，将拉伸后得到的三维实体与圆柱体1做差集运算，挖出沉头孔，如图5-56所示。

9）绘制草图2。单击"常用"选项卡"视图"面板中的"前视"按钮，将前视置为当前绘图平面，并绘制草图2，如图5-57所示。

10）创建面域2。关闭"中心线"图层，单击"常用"选项卡"绘图"面板中的"面域"按钮，将图5-57中由线条构成的封闭平面图形创建为面域2。

11）修改视觉样式。单击"常用"选项卡"视图"面板中的"概念"按钮，即可观察到面域2，如图5-58所示。

12）旋转观察视图。单击"视图"选项卡"导航"面板中

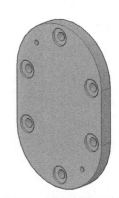

图 5-56　差集创建沉头孔

的"自由动态观察"按钮，调整观察方向。

13）拉伸面域 2。单击"常用"选项卡"建模"面板中的"拉伸"按钮，将面域 2 沿 Z 轴正方向拉伸，拉伸高度为 30mm，得到拉伸实体 2，如图 5-59 所示。

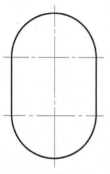

图 5-57 绘制草图 2

图 5-58 创建面域 2

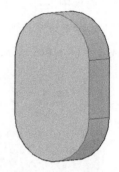

图 5-59 拉伸实体 2

14）三维移动拉伸实体 2。单击"常用"选项卡"修改"面板中的"三维移动"按钮，选择拉伸实体 2 的圆心点，如图 5-60a 所示，将其移动至拉伸实体 1 前侧的圆心处，使得圆心点重合，如图 5-60b 所示。单击"常用"选项卡"实体编辑"面板中的"并集"按钮，将拉伸实体 2 和拉伸实体 1 合并，如图 5-60c 所示。

a) 选择圆心点

b) 移动圆心点

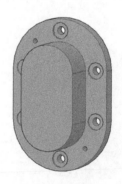

c) 实体合并

图 5-60 移动并合并

15）创建圆柱体 2。单击"常用"选项卡"建模"面板中的"圆柱体"按钮，创建半径为 12.5mm、高度为 40mm 的圆柱体 2，如图 5-61 所示。

16）复制圆柱体 2。打开状态栏中的"对象捕捉"按钮，单击"常用"选项卡"修改"面板中的"三维移动"按钮，将圆柱体 2 移动到拉伸实体 2 中；单击"常用"选项卡"修改"面板中的"复制"按钮，将圆柱体 2 复制并移动到拉伸实体 2 下方，如图 5-62 所示。

17）实体求差。单击"常用"选项卡"实体编辑"面板中的"差集"按钮，将拉伸后得到的三维实体与圆柱体 2 做差集运算，以创建圆孔，如图 5-63 所示。

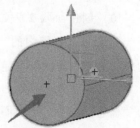

图 5-61 创建圆柱体 2

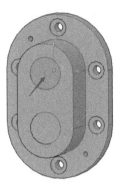

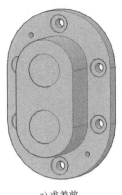

a)求差前

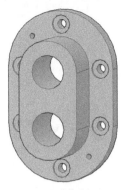

b)求差后

图 5-62　复制圆柱体 2

图 5-63　实体求差

18）创建圆柱体 3。单击"常用"选项卡"建模"面板中的"圆柱体"按钮 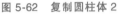，创建半径为 13mm、高度为 40mm 的圆柱体 3，如图 5-64 所示。

19）三维移动圆柱体 3。单击"常用"选项卡"修改"面板中的"三维移动"按钮，选择圆柱体 3 的圆心点，将其移动至拉伸实体 1 前侧的中点处，如图 5-65 所示；移动距离为"@0，15，0"，如图 5-66 所示。

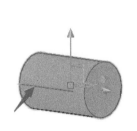

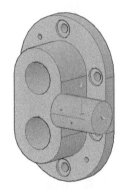

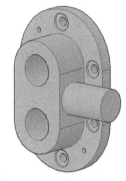

图 5-64　创建圆柱体 3

图 5-65　移动到前侧中点位置

图 5-66　通过相对坐标移动

20）创建圆柱体 4。单击"常用"选项卡"建模"面板中的"圆柱体"按钮 ，创建半径为 6.5mm、高度为 50mm 的圆柱体 4，如图 5-67 所示。

21）三维移动圆柱体 4。单击"常用"选项卡"修改"面板中的"三维移动"按钮，选择圆柱体 4 的圆心点，将其移动至图 5-68 所示圆心处。

22）差集运算。单击"常用"选项卡"实体编辑"面板中的"差集"按钮，将拉伸后得到的三维实体与圆柱体 4 做差集运算，以创建圆孔，如图 5-69 所示。

4. 创建特征孔和螺纹孔

1）绘制草图 3。单击"常用"选项卡"视图"面板中的"俯视"按钮，将俯视置为当前绘图平面，并绘制草图 3，如图 5-70a 所示。

2）创建面域 3。单击"常用"选项卡"绘图"面板中的"面域"按钮，将图 5-70a 中由线条构成的封闭平面图形创建为面域 3。

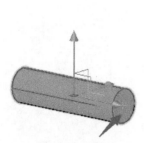

图 5-67　创建圆柱体 4

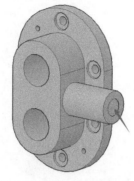

图 5-68　三维移动圆柱体 4

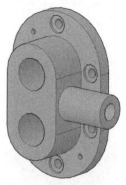

图 5-69　差集创建圆孔

3）修改视觉样式。单击"常用"选项卡"视图"面板中的"概念"按钮，即可观察到面域 3，如图 5-70b 所示。

4）旋转面域 3。单击"常用"选项卡"建模"面板中的"旋转"按钮，将面域 3 旋转得到圆柱体 5，如图 5-70c 所示。

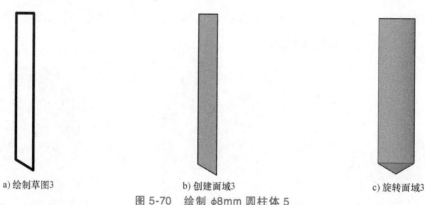

a) 绘制草图3　　　　　　　b) 创建面域3　　　　　　　c) 旋转面域3

图 5-70　绘制 φ8mm 圆柱体 5

5）创建圆柱体 6。单击"常用"选项卡"建模"面板中的"圆柱体"按钮，创建直径为 8mm、高度为 21mm 的圆柱体 6，如图 5-71 所示。

6）创建圆柱体 7。单击"常用"选项卡"视图"面板中的"左视"按钮，将左视置为当前绘图平面，单击"常用"选项卡"建模"面板中的"圆柱体"按钮，创建直径为 8mm、高度为 29mm 的圆柱体 7，如图 5-72 所示。

图 5-71　φ8mm×21mm 圆柱体 6

图 5-72　φ8mm×29mm 圆柱体 7

7）三维移动圆柱体 7。为便于捕捉内部点特征，单击"常用"选项卡"视图"面板中的"二维线框"按钮 ，再单击"常用"选项卡"修改"面板中的"三维移动"按钮 ，选择圆柱体 7 的圆心点，将其移动至孔中心位置，如图 5-73 所示。

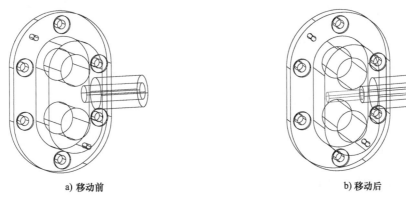

a) 移动前　　　　　　　　　　　　　　　b) 移动后

图 5-73　移动圆柱体 7 至孔中心位置

8）旋转观察视图。单击"视图"选项卡"导航"面板中的"自由动态观察"按钮 ，调整观察方向。

9）三维移动圆柱体 5。单击"常用"选项卡"修改"面板中的"三维移动"按钮 ，选择圆柱体 5 的圆心点，先移动至拉伸实体 1 右侧边中点处，如图 5-74 所示；再通过相对坐标"@26，0，0"移动至指定位置，如图 5-75 所示。命令行提示：

```
命令：_3dmove
选择对象：找到 1 个
选择对象：
指定基点或 [位移(D)] <位移>：
指定第二个点或 <使用第一个点作为位移>：@26,0,0
```

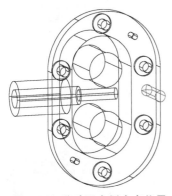

图 5-74　移动至右侧中点位置

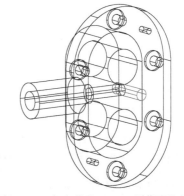

图 5-75　向左偏移 26mm 到指定位置

10）旋转观察视图。单击"视图"选项卡"导航"面板中的"自由动态观察"按钮 ，调整观察方向。

11）三维移动圆柱体 6。单击"常用"选项卡"修改"面板中的"三维移动"按钮，选择圆柱体 6 的圆心点，先移动至拉伸实体 2 左侧边中点处，如图 5-76 所示；再通过相对坐标"@ –29，0，0"移动至指定位置，如图 5-77 所示。

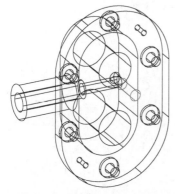

图 5-76　移动至左侧中点位置

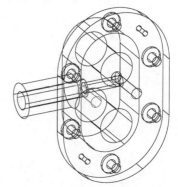

图 5-77　向右偏移 29mm 到指定位置

12）差集运算。单击"常用"选项卡"实体编辑"面板中的"差集"按钮，将合并体和三个圆柱体做差集运算，挖出孔，如图 5-78a 所示；单击"常用"选项卡"视图"面板中的"概念"按钮，结果如图 5-78b 所示。

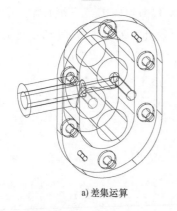

a) 差集运算

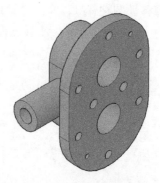

b) 切换至概念视觉样式

图 5-78　差集挖孔

13）创建螺杆实体。创建两个螺杆三维实体，分别为 M28×1.5mm 和 M18，详细参考模块 5 的任务 5.1，如图 5-79 所示。单击"常用"选项卡"实体编辑"面板中的"并集"按钮，将螺纹实体和三个圆柱体合并。

14）旋转观察视图。单击"视图"选项卡"导航"面板中的"自由动态观察"按钮，调整观察方向。

15）三维移动螺杆。单击"常用"选项卡"修改"面板中的"三维移动"按钮，分别选择螺杆下端面的圆心点，将其移动至圆柱体上端面的孔圆心处，如图 5-80 所示。

图 5-79　螺杆三维实体

16）差集生成螺纹孔。单击"常用"选项卡"实体编辑"面板中的"差集"按钮，将合并体和三个螺杆实体做差集运算，挖出螺纹孔；单击"常用"选项卡"视图"面板中的"概念"按钮![icon]，结果如图5-81所示。

5. 渲染保存

1）设置渲染目标，创建并应用新材质，创建纯白色渲染视图。

2）单击"可视化"选项卡"渲染"面板中的"渲染到尺寸"按钮![icon]，系统便开始在视口渲染泵盖三维实体，结果如图5-82所示。

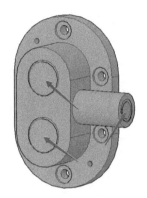
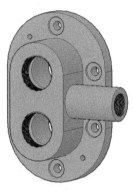

图5-80 移动螺杆到合并体上　　　图5-81 差集生成螺纹孔　　　图5-82 渲染泵盖三维实体

3）单击快速访问工具栏中的"保存"按钮![icon]，保存创建的泵盖三维实体。

任务5.4　绘制泵座三维实体

根据泵座的零件图（图5-83），创建该零件的三维实体，如图5-84所示。

绘制步骤如下：

1. 建立新文件

1）单击快速访问工具栏中的"新建"按钮![icon]，系统弹出"选择样板"对话框，单击"打开"按钮右侧的小箭头，在下拉菜单中选择"无样板打开—公制（M）"选项，新建一个图形文件。

2）选择菜单"文件"→"另存为"选项，将图形保存为"泵座三维实体.dwg"。

2. 设置图层

单击"图层"面板"图层特性管理器"按钮，在弹出的"图层特性管理器"对话框中创建"轮廓线"层和"中心线"层。

3. 创建拉伸体

1）绘制草图1。单击"常用"选项卡"视图"面板中的"前视"按钮![icon]，将前视置为当前绘图平面，并绘制草图1，如图5-85所示。

2）创建面域。关闭"中心线"图层，单击"常用"选项卡"绘图"面板中的"面域"按钮![icon]，将图5-85中由线条构成的封闭平面图形创建为面域。

3）修改视觉样式。单击"常用"选项卡"视图"面板中的"概念"按钮![icon]，即可观察到面域，如图5-86所示。

207

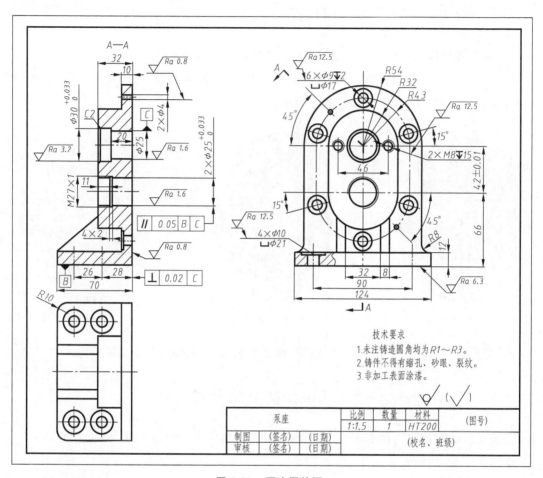

图 5-83　泵座零件图

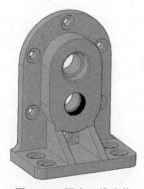

图 5-84　泵座三维实体

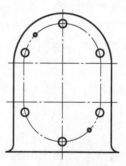

图 5-85　绘制草图 1

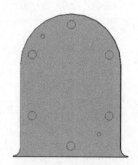

图 5-86　创建面域

4）差集运算。单击"常用"选项卡"实体编辑"面板中的"差集"按钮，将生成面域 1，如图 5-87 所示。

5）旋转观察视图。单击"视图"选项卡"导航"面板中的"自由动态观察"按钮，调整观察方向。

6）拉伸面域 1。单击"常用"选项卡"建模"面板中的"拉伸"按钮 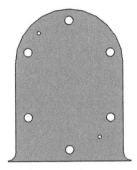，将面域 1 沿 Z 轴正方向拉伸 10mm，得到拉伸实体 1，如图 5-88 所示。

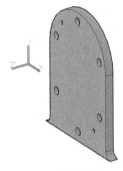

图 5-87　差集生成面域 1　　　　　　　图 5-88　拉伸实体 1

7）绘制草图 2。单击"常用"选项卡"视图"面板中的"前视"按钮 ，将前视置为当前绘图平面，并绘制草图 2，如图 5-89 所示。

8）创建面域 2。关闭"中心线"图层，单击"常用"选项卡"绘图"面板中的"面域"按钮 ，选择图 5-89 中由线条构成的封闭平面图形，按<Enter>键或<Space>键完成面域 2 的创建，如图 5-90 所示。

9）旋转观察视图。单击"视图"选项卡"导航"面板中的"自由动态观察"按钮 ，调整观察方向。

10）拉伸面域 2。单击"常用"选项卡"建模"面板中的"拉伸"按钮 ，将面域 2 沿 Z 轴正方向拉伸，拉伸高度为 22mm，得到拉伸实体 2，如图 5-91 所示。

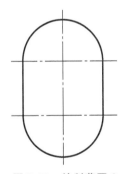

图 5-89　绘制草图 2　　　　图 5-90　创建面域 2　　　　图 5-91　拉伸实体 2

11）创建长方体。单击"常用"选项卡"视图"面板中的"前视"按钮 ，将前视置为当前绘图平面，再单击"常用"选项卡"建模"面板中的"长方体"按钮 ，创建长度为 124mm、宽度为 12mm、高度为 70mm 的长方体。

12）旋转观察视图。单击"视图"选项卡"导航"面板中的"自由动态观察"按钮 ，调整观察方向，如图 5-92 所示。

13）绘制草图 3。单击"常用"选项卡"视图"

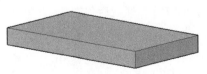

图 5-92　调整方向后的长方体

面板中的"前视"按钮 ，将前视置为当前绘图平面，并绘制草图 3，如图 5-93a 所示。

14）修剪草图 3。分别使用"删除"命令和"修剪"命令对轮廓线进行修剪，得到如图 5-93b 所示的图形。

15）创建面域 3。关闭"中心线"图层，单击"常用"选项卡"绘图"面板中的"面域"按钮 ，将图 5-93b 中由线条构成的封闭平面图形创建为面域 3，如图 5-94 所示。

16）拉伸面域 3。单击"视图"选项卡"导航"面板中的"自由动态观察"按钮 ，调整观察方向。单击"常用"选项卡"建模"面板中的"拉伸"按钮 ，将面域 3 沿 Z 轴正方向拉伸 60mm，得到拉伸实体 3，如图 5-95 所示。

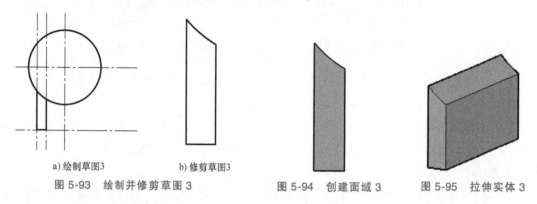

a) 绘制草图3   b) 修剪草图3

图 5-93 绘制并修剪草图 3   图 5-94 创建面域 3   图 5-95 拉伸实体 3

4. 移动实体

1）修改视觉样式。单击"常用"选项卡"视图"面板中的"二维线框"按钮 ，如图 5-96 所示。

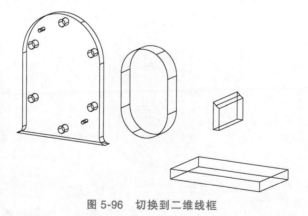

图 5-96 切换到二维线框

2）三维移动拉伸实体 2。单击"常用"选项卡"修改"面板中的"三维移动"按钮 ，选择拉伸实体 2 的圆心点（图 5-97a），将其移动至拉伸实体 1 前侧的圆心处（图 5-97b），移动后如图 5-97c 所示。

3）三维移动长方体。单击"常用"选项卡"修改"面板中的"三维移动"按钮 ，选择长方体后侧的长边中点（图 5-98a），将其移动至拉伸实体 1 后端面的边线中点处（图 5-97b），移动后如图 5-98c 所示。

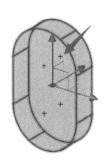
a) 选择拉伸实体2后侧圆心点

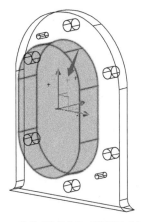
b) 移动至拉伸实体1前侧圆心位置

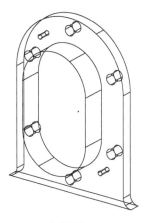
c) 移动后

图 5-97 移动拉伸实体 2 到拉伸实体 1

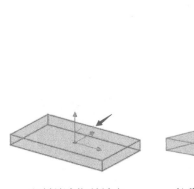
a) 选择长方体后侧中点

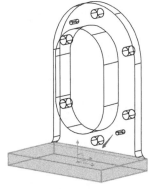
b) 移动至拉伸实体1后侧中点位置

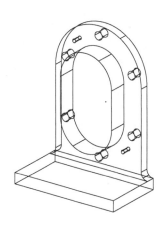
c) 移动后

图 5-98 移动长方体到拉伸实体 1

4）三维移动拉伸实体 3。单击"常用"选项卡"修改"面板中的"三维移动"按钮，选择拉伸实体 3 的直角端点，将其移动至长方体前侧的中点，实现第一次移动，如图 5-99a 所示；单击"常用"选项卡"修改"面板中的"三维移动"按钮，选择拉伸实体 3 的直角端点，向左移动"@ -16，0，0"到指定位置（图 5-99b），移动后如图 5-99c 所示。

5. 切除对象

1）绘制圆柱体 1。单击"常用"选项卡"视图"面板中的"前视"按钮，将前视置为当前绘图平面，并绘制直径为 17mm、高度为 2mm 的沉头孔圆柱体 1；单击"常用"选项卡"视图"面板中的"概念"按钮，结果如图 5-100 所示。

2）绘制圆柱体 2。单击"常用"选项卡"视图"面板中的"前视"按钮，将前视置为当前绘图平面，并绘制 ϕ30mm 沉头孔圆柱体和 ϕ26mm 圆柱体；单击"常用"选项卡"实体编辑"面板中的"并集"按钮，将其合并为圆柱体 2，如图 5-101 所示。

211

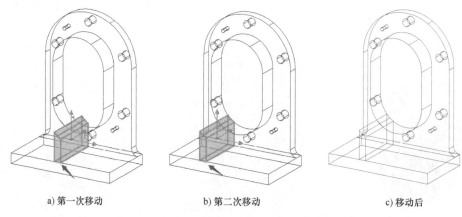

a)第一次移动　　　　　　　b)第二次移动　　　　　　　c)移动后

图 5-99　移动拉伸实体 3 到长方体

3）绘制圆柱体 3。单击"常用"选项卡"视图"面板中的"俯视"按钮，将俯视置为当前绘图平面，并绘制 $\phi21$mm 沉头孔圆柱体和 $\phi10$mm 圆柱体；单击"常用"选项卡"实体编辑"面板中的"并集"按钮，将其合并为圆柱体 3，如图 5-102 所示。

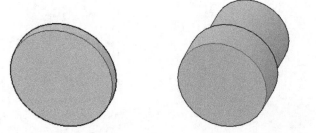

图 5-100　$\phi17$mm 圆柱体 1　　图 5-101　$\phi30$mm 沉头孔圆柱体 2　　图 5-102　$\phi21$mm 沉头孔圆柱体 3

4）三维移动圆柱体 1。单击"常用"选项卡"修改"面板中的"三维移动"按钮，选择圆柱体 1 的前端面圆心点（图 5-103a），将其移动至 $\phi9$mm 孔前端面的圆心处（图 5-103b）。

5）复制圆柱体 1。单击"常用"选项卡"修改"面板中的"复制"按钮，将圆柱体 1 分别复制到其他五个孔中心处，如图 5-103c 所示。

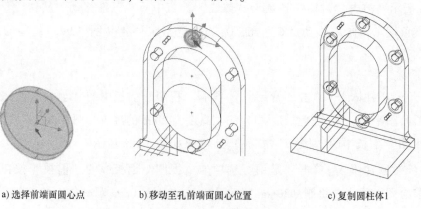

a)选择前端面圆心点　　　b)移动至孔前端面圆心位置　　　c)复制圆柱体 1

图 5-103　移动圆柱体 1 到拉伸实体 1

6）三维移动圆柱体2。单击"常用"选项卡"修改"面板中的"三维移动"按钮 ，选择圆柱体2的前端面圆心点（图5-104a），将其移动至拉伸实体2前端面的圆心处（图5-104b），移动后如图5-104c所示。

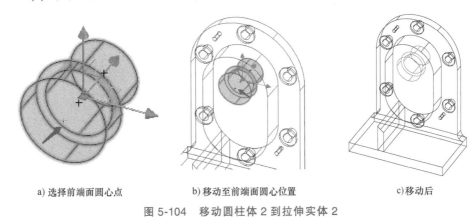

a) 选择前端面圆心点　　　　b) 移动至前端面圆心位置　　　　c) 移动后

图 5-104　移动圆柱体2到拉伸实体2

7）三维移动圆柱体3。单击"常用"选项卡"修改"面板中的"三维移动"按钮 ，选择圆柱体3的上端面圆心点，将其移动至长方体上端面的端点处，如图5-105a所示；通过位移"@-17，16，0"移动至指定位置，如图5-105b所示。

8）复制圆柱体3。单击"常用"选项卡"修改"面板中的"复制"按钮 ，将圆柱体3分别复制到指定位置，如图5-105c所示。

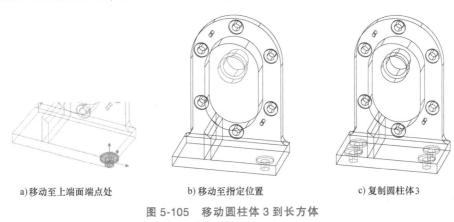

a)移动至上端面端点处　　　　b)移动至指定位置　　　　c)复制圆柱体3

图 5-105　移动圆柱体3到长方体

9）差集运算。为便于观察面域拉伸方向，单击"视图"选项卡"导航"面板中的"自由动态观察"按钮 ，调整观察方向。单击"常用"选项卡"实体编辑"面板中的"差集"按钮 ，将拉伸体和圆柱体做差集运算，挖出沉头孔，如图5-106a所示；单击"常用"选项卡"视图"面板中的"概念"按钮 ，结果如图5-106b所示。

10）调整坐标系方向。打开状态栏中的"正交"按钮 和"对象捕捉"按钮 ，单击"常用"选项卡"坐标"面板中的"三点"按钮 ，调整坐标系的方向，使XY平面在拉伸实体3的右端面上，如图5-107所示。

213

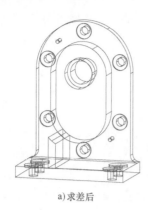
a)求差后

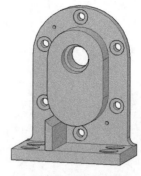
b)切换至概念视觉样式

图 5-106　差集挖沉头孔

11）绘制截面。为便于观察内部面域，单击"常用"选项卡"视图"面板中的"二维线框"按钮，绘制待切除截面，如图 5-108 所示。

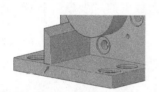

图 5-107　调整坐标系方向

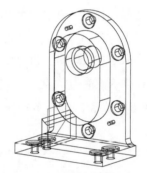

图 5-108　绘制待切除截面

12）创建面域。单击"常用"选项卡"绘图"面板中的"面域"按钮，将图 5-108 中由线条构成的封闭平面图形创建为面域。

13）拉伸截面。为便于观察面域拉伸方向，单击"视图"选项卡"导航"面板中的"自由动态观察"按钮，调整观察方向。单击"常用"选项卡"建模"面板中的"拉伸"按钮，将面域沿 Z 轴负方向拉伸 8mm。

14）差集运算。单击"常用"选项卡"实体编辑"面板中的"差集"按钮，将拉伸后得到的三维实体与拉伸实体 3 做差集运算，切除对象，如图 5-109 所示。

15）镜像实体。选择菜单"修改"→"镜像"选项，将切除后的拉伸实体 3 进行镜像，如图 5-110 所示。命令行提示：

```
命令: _mirror
选择对象: 找到 1 个
选择对象:
指定镜像线的第一点:
指定镜像线的第二点:
要删除源对象吗?[是(Y)/否(N)] <否>:
```

图 5-109 差集切除

图 5-110 镜像实体

6. 绘制螺纹孔

1）创建螺杆实体。创建 M27×1mm 螺杆三维实体，详细参考模块 5 的任务 5.1，如图 5-111 所示。再创建直径分别为 25mm 和 29mm 的两个圆柱体，单击"常用"选项卡"实体编辑"面板中的"并集"按钮，将螺杆实体和两个圆柱体合并。

2）三维移动螺杆。单击"视图"选项卡"导航"面板中的"自由动态观察"按钮，调整观察方向。单击"常用"选项卡"修改"面板中的"三维移动"按钮，分别选择螺杆下端面的圆心点，将其移动至圆柱体上端面的孔圆心处，如图 5-112 所示。

3）差集生成螺纹孔。单击"常用"选项卡"实体编辑"面板中的"差集"按钮，将合并体和螺杆实体做差集运算，挖出螺纹孔；单击"常用"选项卡"视图"面板中的"概念"按钮，结果如图 5-113 所示。

图 5-111 螺杆三维实体

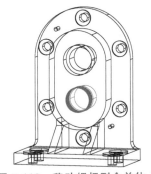

图 5-112 移动螺杆到合并体上

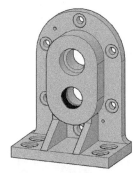

图 5-113 差集生成螺纹孔

4）M8 螺纹孔的绘制与上面的类似，这里不再赘述。

7. 倒圆角和倒角

1）倒圆角。单击"常用"选项卡"实体编辑"面板中的"圆角"按钮，对底座倒 $R10$ 的圆角，如图 5-114 所示。命令行有如下提示：

```
命令: _FILLETEDGE
半径 = 1.0000
选择边或 [链(C)/环(L)/半径(R)]: R
输入圆角半径或 [表达式(E)] <1.0000>: 10
选择边或 [链(C)/环(L)/半径(R)]:
选择边或 [链(C)/环(L)/半径(R)]:
选择边或 [链(C)/环(L)/半径(R)]:
已选定 2 个边用于圆角。
按 Enter 键接受圆角或 [半径(R)]:
```

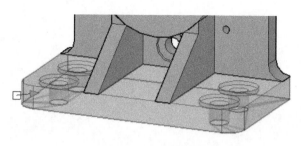

图 5-114　倒 *R*10 圆角

2) 倒角。单击"常用"选项卡"实体编辑"面板中的"倒角"按钮，对 φ30mm 的孔倒 *C*2 的倒角，如图 5-115 所示。命令行有如下提示：

```
命令:  _CHAMFEREDGE 距离 1 = 1.0000, 距离 2 = 1.0000
选择一条边或 [环(L)/距离(D)]:
选择同一个面上的其他边或 [环(L)/距离(D)]: D
指定距离 1 或 [表达式(E)] <1.0000>: 2
指定距离 2 或 [表达式(E)] <1.0000>: 2
选择同一个面上的其他边或 [环(L)/距离(D)]:
按 Enter 键接受倒角或 [距离(D)]:
```

8. 渲染保存

1) 设置渲染目标，创建并应用新材质，创建纯白色渲染视图。

2) 单击"可视化"选项卡"渲染"面板中的"渲染到尺寸"按钮，系统便开始在视口渲染泵座三维实体，结果如图 5-116 所示。

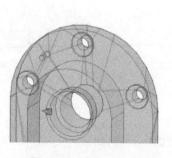

图 5-115　倒 *C*2 倒角

图 5-116　渲染泵座三维实体

3) 单击快速访问工具栏中的"保存"按钮，保存创建的泵座三维实体。

任务 5.5　练　习　题

1. 根据图 5-117 所示的组合体三视图创建其三维实体。

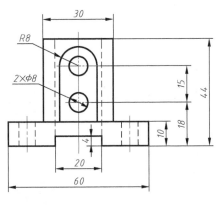

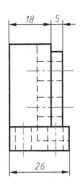

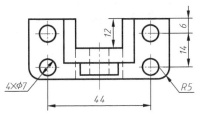

图 5-117 组合体 1

2. 根据图 5-118 所示的组合体三视图创建其三维实体。

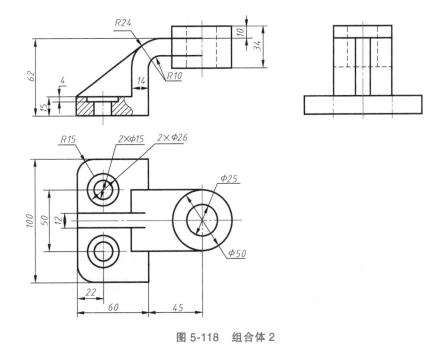

图 5-118 组合体 2

3. 创建如图 5-119 所示的三维实体。

4. 创建如图 5-120 所示的三维实体。

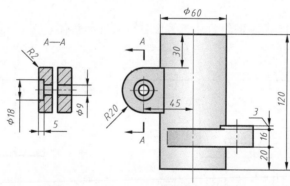

图 5-119　实体建模 1

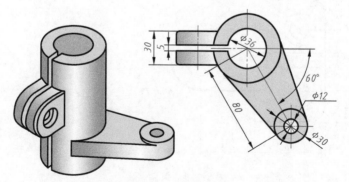

图 5-120　实体建模 2

模块6 输出图形篇

模块6

模块6　输出图形篇

学习目标

1) 掌握 AutoCAD2019 的文件输出方法。
2) 掌握 AutoCAD2019 的文件打印设置方法。
3) 掌握 AutoCAD2019 的实体模型输出三视图的方法。

学习重点

1) AutoCAD2019 在模型空间中打印和在布局空间中打印。
2) AutoCAD2019 通过实体模型输出三视图。

学习难点

1) 创建布局和设置布局。
2) 三维实体模型输出三视图。

任务 6.1　三维实体输出工程图

在 AutoCAD2019 中，可以将三维实体生成其工程图，主要包括基本视图、投影视图、剖视图的创建，以及编辑视图、修改截面视图的样式等操作。

以图 6-1 所示的三维实体转化三视图为例进行讲解。对于该零件的工程图，采用以轴线竖直放置的视图作为主视图，通过主视图和俯视图表达外形轮廓，左视图采用全剖视图，以反映其内部结构。具体操作步骤如下：

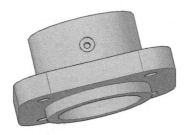

图 6-1　三维实体

6-1　三维实体生成工程图

1. 设置图纸尺寸

1) 打开 "6-1-轴套" 三维实体文件，如图 6-1 所示。单击绘图区下方的 "布局 1" 选项卡，进入图纸空间。右击"布局1"选项卡，在弹出的快捷菜单中选择"页面设置管理器"命令，如图6-2所示。

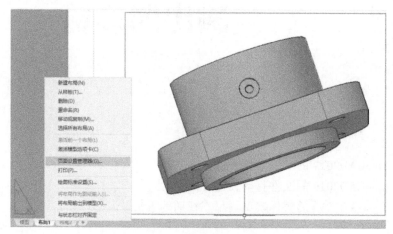

图6-2 选择"页面设置管理器"命令

2）在弹出的"页面设置管理器"对话框中选择"布局1"选项，单击"修改"按钮，如图6-3所示。

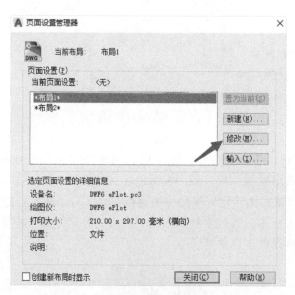

图6-3 "页面设置管理器"对话框

3）在弹出的"页面设置-布局1"对话框中选择打印机"DWF6 ePlot.pc3"，设置图纸尺寸为"ISO full bleed A4（210.00×297.00毫米）"，如图6-4所示。

2. 设置打印区域

1）在"页面设置-布局1"对话框中，单击"特性"按钮，弹出"绘图仪配置编辑器-DWF6 ePlot.pc3"对话框，选择"修改标准图纸尺寸（可打印区域）"选项，在"修改标准图纸尺寸"列表框中选择设置好的图纸"ISO full bleed A4（210.00×297.00毫米）"，如图6-5所示。

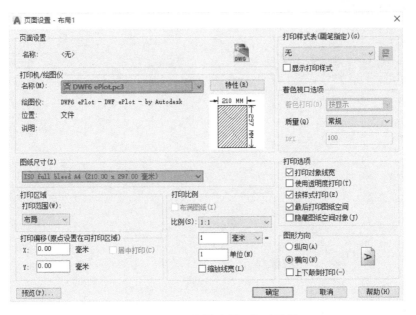

图6-4 "页面设置-布局1"对话框

2）单击"修改"按钮，在弹出的"自定义图纸尺寸-可打印区域"对话框中将边距改为0，单击"下一步"按钮，在弹出的"自定义图纸尺寸-完成"对话框中单击"完成"按钮，如图6-6所示。

3）单击图6-5所示"绘图仪配置编辑器-DWF6 ePlot.pc3"对话框中的"确定"按钮，再单击图6-4所示"页面设置-布局1"对话框中的"确定"按钮，完成打印区域设置。

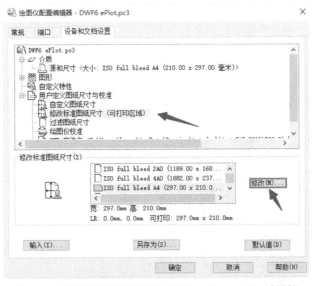

图6-5 "绘图仪配置编辑器-DWF6 ePlot.pc3"对话框

3. 设置视口

（1）删除已有视口　右击视口边框，在弹出的快捷菜单中选择"删除"命令，将已有

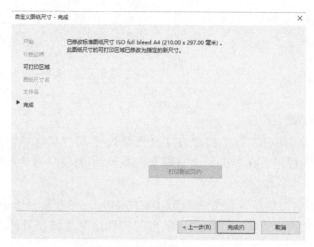

图 6-6 "自定义图纸尺寸"对话框

视口删除，如图 6-7 所示。

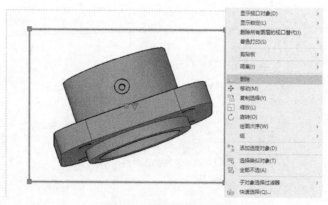

图 6-7 删除已有视口

（2）创建工程视图 单击"布局"选项卡"创建视图"面板中的"基点"下拉按钮，在打开的下拉菜单中选择"从模型空间"选项，即从模型空间创建基本视图，如图 6-8 所示。此时，功能区将显示"工程视图创建"选项卡，在"方向"面板中设置投射方向为前视，即所创建的基础视图为主视方向，在"比例"列表框中设置投影比例为 1∶2，如图 6-9 所示。在"外观"面板中单击"隐藏线"下拉按钮，在打开的下拉菜单中选择"可见线和隐藏线"选项，即指定在视图中显示可见轮廓线和不可见轮廓线，如图 6-10 所示。

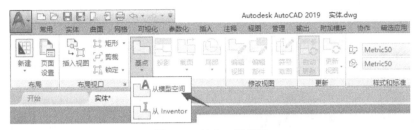

图 6-8 创建工程视图

图 6-9 选择方向和比例

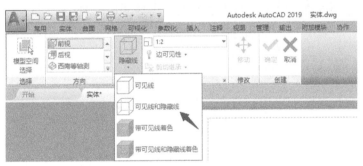

图 6-10 隐藏线选择

在图纸适当位置单击，确定主视图的位置，完成主视图的创建，如图 6-11 所示。同时系统自动进入投影视图方式，竖直向下移动十字光标至适当位置单击，确定俯视图的位置，完成俯视图的创建，如图 6-12 所示。

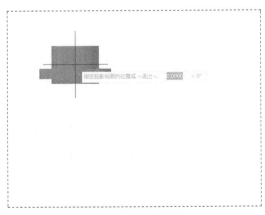

图 6-11 创建主视图

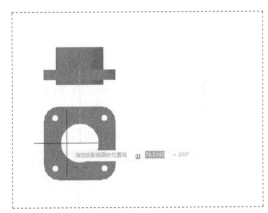

图 6-12 创建俯视图

223

移动十字光标至主视图右下角方向适当位置单击，确定轴测图位置，完成轴测图的创建，如图 6-13 所示。按<Enter>键或<Space>键确认后生成如图 6-14 所示的工程图。

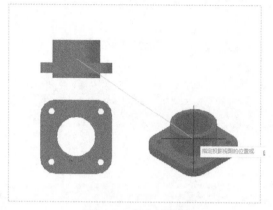

图 6-13　创建轴测图

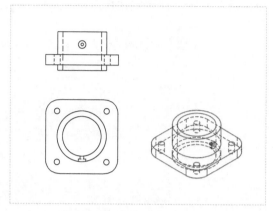

图 6-14　生成工程图（一）

从生成的工程图可以看出，轴测图中显示了不可见的轮廓线，这与机械制图国家标准不符，需要对不可见轮廓线进行修改。

（3）更改轴测图的线条显示　双击轴测图，出现如图 6-15 所示的"选择选项"菜单，选择"隐藏线"，出现如图 6-16 所示的"选择样式"菜单，选择"可见线"，生成如图 6-17 所示的工程图。

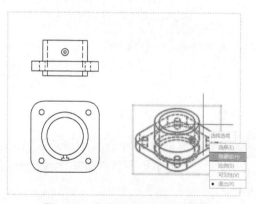

图 6-15　出现"选择选项"菜单

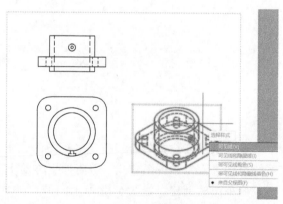

图 6-16　出现"选择样式"菜单

4. 创建全剖左视图

（1）设置截面样式　在创建剖视图前，需先修改截面样式，单击"样式和标准"面板中的"截面视图样式"按钮，如图 6-18 所示。系统弹出"截面视图样式管理器"对话框，如图 6-19 所示。在"样式"列表框中选择"Metric50"选项，单击"修改"按钮，弹出"修改截面视图样式：Metric50"对话框。

在"标识符和箭头"选项卡中，修改文本

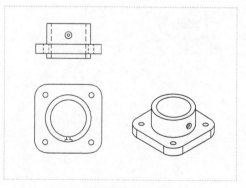

图 6-17　生成工程图（二）

高度为 5，在"排列"选项组中设置标识符位置为剪切平面的端点，设置标识符偏移为 2.5，设置箭头方向为指向剪切平面，如图 6-20 所示。

图 6-18 选择"截面视图样式"

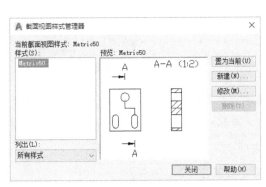

图 6-19 "截面视图样式管理器"对话框

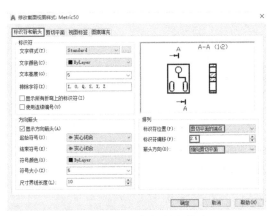

图 6-20 修改标识符和箭头

选择"剪切平面"选项卡，设置端线偏移量为 2.5，折弯线长度为 5，如图 6-21 所示。

选择"视图标签"选项卡，设置文本高度为 5，相对于视图的距离为 15，默认值为 A-A（1:2）如图 6-22 所示。

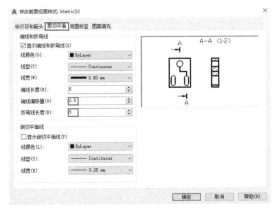

图 6-21 修改剪切平面

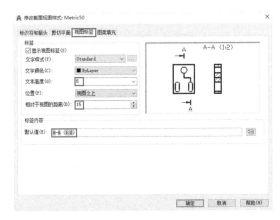

图 6-22 修改视图标签

选择"图案填充"选项卡，可修改填充图案。单击图案菜单，弹出"填充图案选项板"对话框，选择图案填充样式，单击"确定"返回"修改截面视图样式：Metric50"对话框，最终单击"确定"按钮完成修改，如图 6-23 和图 6-24 所示。

（2）创建剖视图 在"创建视图"面板中，选择"截面"下拉列表框中的"全剖"选项，如图 6-25 所示。当命令行窗口提示选择父视图时单击主视图，选择所需剖切的位置。

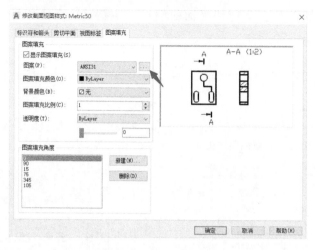

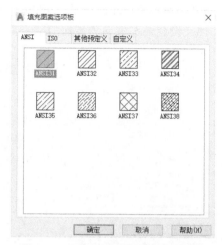

图 6-23　修改图案填充　　　　　　　　图 6-24　"填充图案选项板"对话框

之后，水平向右移动十字光标至适当位置，单击确定剖视图的放置位置，弹出"选择选项"菜单，选择"可见性"，如图 6-26 所示。按<Enter>键或<Space>键确认，完成剖视图的创建，输出工程图如图 6-27 所示。

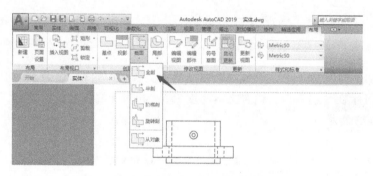

图 6-25　选择"全剖"选项

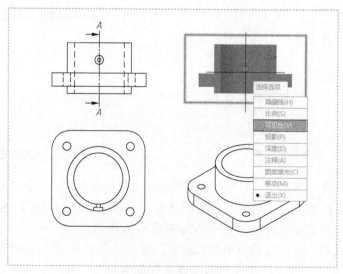

图 6-26　创建剖视图

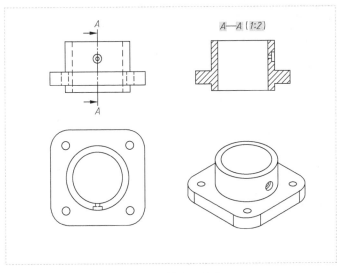

图 6-27　输出工程图

任务 6.2　输出图形

使用 AutoCAD2019 绘制的图形对象，不仅可以在 AutoCAD 中进行编辑处理，还可以通过其他图形处理软件进行处理，如 Photoshop、CorelDraw 等，但是必须将图形输出为其他软件能够识别的文件格式。

1. 命令启用

在 AutoCAD2019 中，输出命令主要有以下几种调用方法。

1）菜单栏："文件"→"输出"。

2）"菜单浏览器"按钮：选择"输出"→"其他格式"，如图 6-28 所示。

6-2　输出图形

3）命令行：EXPORT。

在执行输出命令后，系统自动打开如图 6-29 所示的"输出数据"对话框。在该对话框的"保存于"下拉列表框中选择文件的保存路径，在"文件类型"下拉列表框中选择要输出的文件格式，在"文件名"下拉列表框中输入输出图形文件的名称，然后单击"保存"按钮即可输出图形文件。

2. 图形文件格式

在 AutoCAD2019 中，可以将图形输出为以下几种格式的图形文件。

➤ bmp：输出为位图文件，该格式几乎可以供所有图像处理软件使用。

➤ wmf：输出为 Windows 图元文件格式。

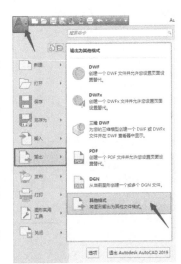

图 6-28　选择输出格式

227

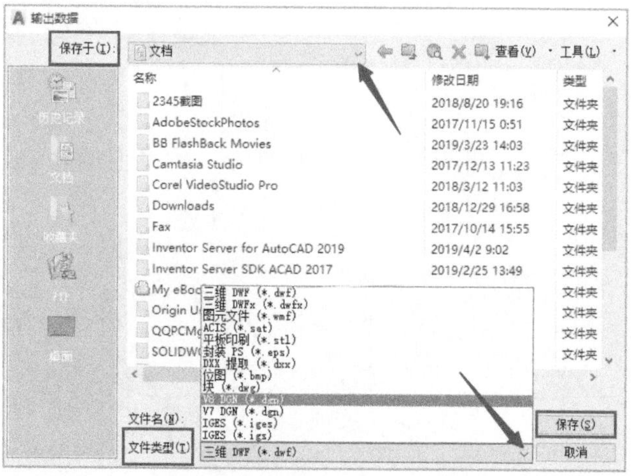

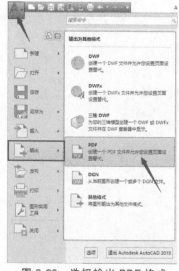

图 6-29 "输出数据"对话框

> dwf：输出为 Autodesk Web 图形格式，便于在网上发布。
> dxx：输出为 DXX 属性的抽取文件。
> dgn：输出为 Microstation V8 DGN 格式的文件。
> dwg：输出为可供其他 AutoCAD 版本使用的图块文件。
> stl：输出为实体对象立体化文件。
> sat：输出为 ACIS 文件。
> eps：输出为封装的 Postscript 文件。

3. PDF 格式文件输出

PDF 是 Adobe 公司发布的文件格式，AutoCAD2019 可将 .dwg 格式文件另存为 PDF 文件，大大方便了文件在设计组内的交流。在 AutoCAD2019 中，可通过下述方法输出 PDF 文件：单击"菜单浏览器"按钮，在弹出的菜单中选择"输出"→"PDF"命令，如图 6-30 所示，弹出如图 6-31 所示的"另存为 PDF"对话框，可以在该对话框中设定文件名和保存

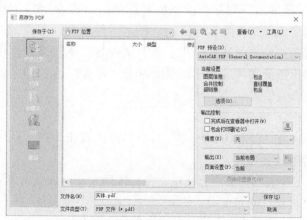

图 6-30 选择输出 PDF 格式

图 6-31 "另存为 PDF"对话框

位置。设置完成后，单击"保存"按钮，完成 PDF 格式文件的保存。

其他格式的文件，如 DWF、DWFx、三维 DWF、DGN 格式的文件，也可用上述方法输出。

任务 6.3　打 印 图 形

6.3.1　模型空间和布局空间

1. 模型空间

AutoCAD2019 启动后，默认处于模型空间。通常在模型空间以实际比例 1 : 1 进行设计绘图。模型空间是绘图和设计图样时最常用的工作空间。在该空间中，用户可以创建物体的视图模型，包括二维和三维图形。此外，还可以根据需求，添加尺寸标注和注释等来完成所需要的全部绘图工作。

2. 布局空间

布局空间又称为图纸空间，为了与其他设计人员交流、进行产品生产加工或者工程施工，需要输出图纸，这就需要在图纸空间进行排版，即规划视图的位置与大小，将不同比例的视图安排在一张图纸上并对它们标注尺寸，给图纸加上图框、标题栏和文字注释等内容，然后打印输出。另外，该空间可以完全模拟图纸页面，在绘图之前或之后安排图形的布局输出。

3. 模型空间和布局空间之间的切换

模型空间和布局空间之间可以相互切换。模型空间和布局空间中的坐标系图标显示不同，模型空间的坐标系图标为十字形，布局空间的坐标系图标为三角形，如图 6-32 所示。

模型空间和布局空间之间切换的具体操作方式如下：

1）通过"模型"和"布局"选项卡切换，如图 6-33 所示。

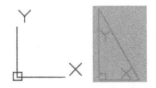

图 6-32　模型空间和布局空间中的坐标系图标

图 6-33　"模型"和"布局"选项卡

2）通过状态栏的"模型"和"图纸"按钮切换，如图 6-34 所示。

3）当在"布局"选项卡上工作时，可以在图纸空间和模型空间之间切换，而无须返回到"模型"选项卡。具体如图 6-35 所示，移动光标，然后双击布局视口内部以访问模型空间，或者在布局视口外部双击以返回到图纸空间。当位于模型空间时，布局视口的边界将变粗。

6.3.2　在模型空间中打印

在模型空间中打印的操作步骤如下：

1）打开"压盖"零件图，如图 6-36 所示。

2）打印。有以下三种启用方式：

6-3　模型空间中
打印图形

229

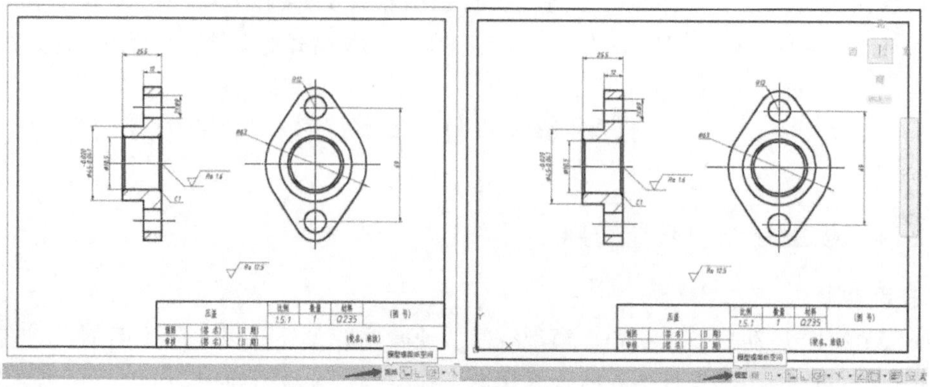

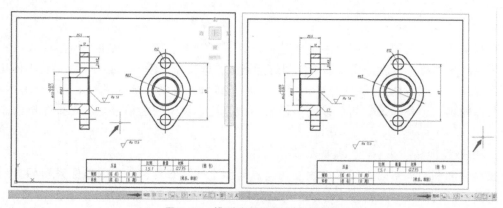

图 6-34 "模型"和"图纸"按钮

图 6-35 模型空间和图纸空间切换

① 快速访问工具栏：单击"打印"按钮 。

② 菜单栏："文件"→"打印"。

③ 命令行：PLOT 或 PRINT。

3）系统弹出"打印-模型"对话框，如图 6-37 所示。

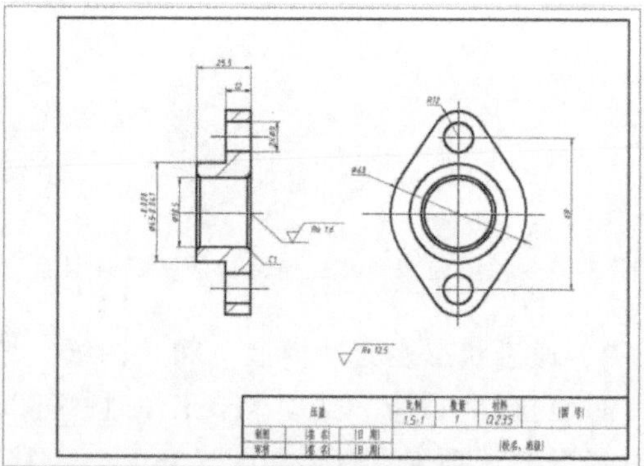

对话框中各选项含义如下：

① "页面设置"：用于选择已有的页面设置，或单击"添加"按钮，新建页面设置。

② "打印机/绘图仪"：选择已经安装的

图 6-36 文件打开效果

打印设备。如果计算机还没有安装打印机，则选择 AutoCAD 提供的一个虚拟的电子打印机 "DWF6 ePlot. pc3"。

③ "特性"：对所选择"打印机/绘图仪"进行配置，打开"绘图仪配置编辑器"对话框。

④ "图纸尺寸"：用于选择所用图纸尺寸。

图 6-37 "打印-模型" 对话框

⑤ "打印区域"：选择不同的方法来确定打印区域。

⑥ "打印偏移"：设定在 X 和 Y 方向上的打印偏移量，若勾选"居中打印"复选框，则图形相对图纸居中打印。

⑦ "打印比例"：设置图形单位与打印单位之间的比例，默认的为"布满图纸"。其中"缩放线宽"复选框用于控制输出图形的线宽是否受到比例的影响。

⑧ "预览"：单击"预览"按钮，观察图形的打印效果，如图 6-38 所示。如果不合适，则可重新调整。按<Esc>键或单击左上角的⊗按钮，关闭预览窗口并返回"打印-模型"对话框进行设置操作。

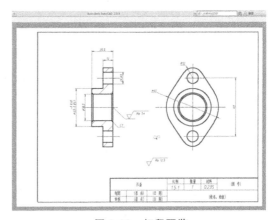

图 6-38 打印预览

⑨ "确定"：单击"确定"按钮，开始打印。

6.3.3 在布局空间中打印

6.3.3.1 创建布局

AutoCAD2019 中，布局空间在图形输出中占有重要地位，同时也为用户提供了多种用于创建布局的方法。

1. 新建布局

1) 选择菜单栏中"工具"→"工具栏"→"AutoCAD"→"布局"命令，打开"布局"工具栏，如图 6-39 所示。

2) 单击工具栏的"新建布局"按钮或菜单栏中的"插入"→"布局"→"新建布局"按钮，并在命令窗口中输入新布局名称，即可创建新的布局，如图 6-40 所示。

2. 使用布局向导

该方式是对所创建布局的名称、图纸尺寸、打印方向和布局位置等主要选项进行详细的

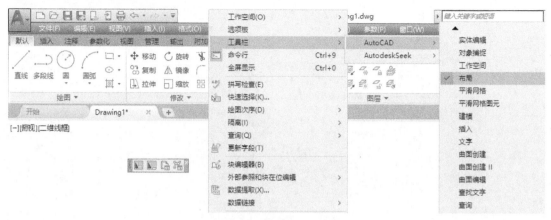

图 6-39 "布局"工具栏

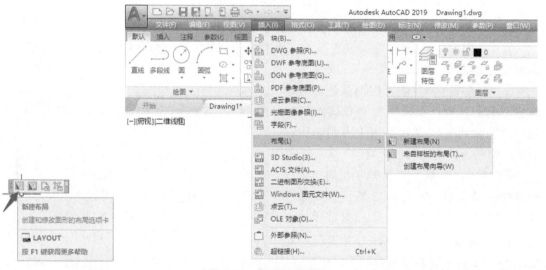

图 6-40 创建新的布局

设置。因此，使用布局向导创建的布局一般不需要再进行调整和修改，即可执行打印输出操作，适合初学者使用。使用布局向导创建布局的步骤如下：

1) 打开如图 6-41 所示的"压盖"零件图后，在命令窗口中输入"LAYOUTWIZ-ARD"指令，按 < Enter > 键或 < Space > 键；或者单击菜单栏中的"插入"→"布局"→"创建布局向导"按钮，如图 6-42 所示。

2) 打开"创建布局-开始"对话框，在该对话框中输入布局名称，并单击"下一步"按钮，如图 6-43 所示。

3) 打开"创建布局-打印机"对话框，在右边的绘图仪列表框中选择所要配置的打印机，然后单击"下一步"按钮，如

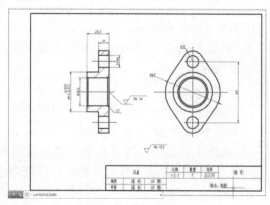

图 6-41 打开图形

图 6-42 "布局"子菜单

图 6-44 所示。

图 6-43 输入布局名称

图 6-44 选择绘图仪

4）在打开的"创建布局-图纸尺寸"对话框中选择布局在打印机中所用的纸张、图形单位（图形单位主要有毫米、英寸和像素），然后单击"下一步"按钮，如图 6-45 所示。

5）在打开的"创建布局-方向"对话框中设置布局的方向（包括"纵向"和"横向"两种方式），然后单击"下一步"按钮，如图 6-46 所示。

图 6-45 选择图纸尺寸

图 6-46 选择方向

233

6) 打开"创建布局-标题栏"对话框，选择布局在图纸空间所需要的边框或标题栏样式，然后单击"下一步"按钮，如图 6-47 所示。

7) 在打开的"创建布局-定义视口"对话框中设置新创建布局的相应视口，包括视口设置和视口比例等，然后单击"下一步"按钮，如图 6-48 所示。

图 6-47　设置标题栏

图 6-48　定义视口

8) 在打开的"创建布局-拾取位置"对话框中单击"选择位置"按钮，切换到布局窗口，指定两对角点确定视口的大小和位置，如图 6-49 所示。

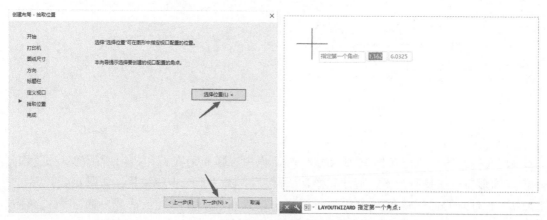

图 6-49　拾取位置

9) 返回"创建布局"对话框，并单击"完成"按钮即可创建新布局，如图 6-50 所示。

6.3.3.2　管理布局

在 AutoCAD2019 中，可采用以下两种方法打开布局管理命令。

1) 切换到"布局"选项卡，在右击弹出的快捷菜单中选择相应的命令进行相应的操作，如图 6-51 所示。

2) 在命令行中输入"LAYOUT"并按<Enter>键，根据命令行提示，在命令行中输入对应选项，可对布局进行复制、删除和重命名等操作，如图 6-52 所示。

6.3.3.3　设置布局

在准备打印图形前，可以使用布局功能来创建多个视图的布局，用来设置需要输出的图形。此时通过"页面设置管理器"可以为当前布局或图纸指定页面设置，或者将其应用到

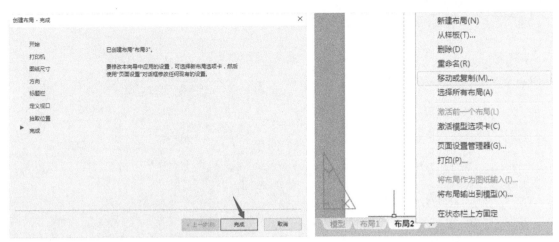

图 6-50　完成创建　　　　　　　　　图 6-51　在"布局"选项卡中管理

LAYOUT 输入布局选项 [复制(C) 删除(D) 新建(N) 样板(T) 重命名(R) 另存为(SA) 设置(S) ?] <设置>:

图 6-52　命令管理

其他布局中，或者创建命名页面设置、修改现有页面设置，或从其他图纸中输入页面设置。

1）打开"页面设置管理器"。在 AutoCAD2019 中，可采用以下六种方法打开"页面设置管理器"对话框。

① 菜单栏："文件"→"页面设置管理器"。

② 功能区："输出"选项卡→"打印"面板→"页面设置管理器"按钮。

③ 功能区："布局"选项卡→"布局"面板→"页面设置管理器"按钮。

④ 工具栏："布局"工具栏中的"页面设置管理器"按钮。

⑤ "模型"选项卡或"布局"选项卡上，右击选择"页面设置管理器"命令。

⑥ 命令行：PAGESETUP。

执行"页面设置管理器"命令后，系统弹出"页面设置管理器"对话框，如图 6-53 所示。该对话框的"当前页面设置"列表框中列出了可应用于当前布局的页面设置，通过单击，可将所选的页面设置为当前；单击"新建"按钮，可以新建页面设置；单击"修改"按钮，可对所选页面设置进行修改；单击"输入"按钮，可导入 DWG、DWT、DXF 文件中的页面设置。

2）单击"修改"按钮，系统弹出"新建页面设置"对话框，单击"确定"按钮弹出"页面设置-布局 3"对话框，分别如图 6-54 和图 6-55 所示。

"页面设置-布局 3"对话框中包括"打印机/绘图仪""图纸尺寸""打印区域""打印偏移""打印比例""着色视口选项""打印选项"和"图形方向"等区域。

① "打印机/绘图仪"：用于指定打印机，在"页面设置"对话框中选择的打印机或绘图仪决定了布局的可打印区域。此可打印区域通过布局中的虚线表示。若修改图纸尺寸或打印设备，则可能会改变图形页面的可打印区域。

② "图纸尺寸"：指定图纸的尺寸。

235

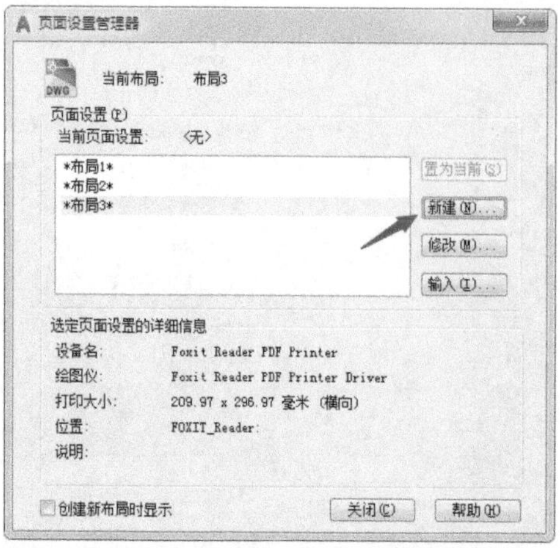

图 6-53 "页面设置管理器"对话框

图 6-54 "新建页面设置"对话框

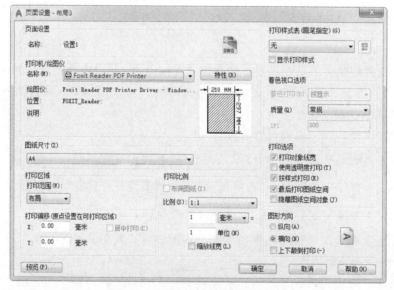

图 6-55 "页面设置-布局 3"对话框

③ "打印区域"：指定打印区域，以确定打印内容。有四个选项，默认的选项为"布局"，即打印"打印区域内"的所有对象；"显示"选项将打印图形中显示的所有对象；"范围"选项将打印图形中的所有可见对象；"窗口"选项用于选择要打印的区域。

④ "打印偏移"：在 X 和 Y 文本框中输入一个偏移量，用于确定可打印区域的左下角点相对于图纸的左下边距。若勾选"居中打印"复选框，则自动计算偏移量。

⑤ "打印比例"：控制图形单位与打印单位之间的相对尺寸。

⑥ "着色视口选项"：指定着色和渲染视口的打印方式，并确定它们的分辨率级别和每英寸点数。

⑦ "打印选项"：用于指定线宽、打印样式和对象的打印次序等选项。

⑧ "图形方向"：指定图形方向是横向还是纵向。

3）页面设置完成后，单击"确定"按钮。

6.3.3.4 在布局空间中打印步骤

在布局空间中打印的操作步骤如下：

1）布局空间创建和设置好之后，在布局空间中打开文件。

2）打印。与在模型空间中打印一样，也有三种启用方式：

① 快速访问工具栏：单击"打印"按钮 🖶 。

② 菜单栏："文件"→"打印"。

③ 命令行：PLOT 或 PRINT。

3）弹出"打印-布局"对话框，如图 6-56 所示。单击"预览"查看打印效果，然后单击"确定"进行打印。

图 6-56 "打印-布局"对话框

任务 6.4 发 布 图 形

发布又称为批处理打印，在打印时通过选择"DWF6 ePlot.pc3"电子打印机这种方式可以将图纸打印到单页的 DWF 文件中，批处理打印图形集技术还可以将一个文件的多个布局，甚至是多个文件的多个布局打印到一个图形集中。这个图形集可以是一个多页 DWF 文件或多个单页 DWF 文件。对于在异机或异地接收到的 DWF 图形集，使用 Autodesk Design Review 浏览器，就可以浏览图形。若接上打印机，则可将整套图纸通过这一浏览器打印出来。

在 AutoCAD2019 中，将一个文件的多个布局打印到一个图形集中的操作步骤如下：

1）打开文件。

2）执行"发布"命令。有以下几种启用方式：

① 菜单栏："文件"→"发布"。

② 功能区："输出"选项卡→"打印"面板→"批处理打印"按钮 🖶 。

③ 命令行：PUBLISH。

6-4 发布图形

3）弹出如图 6-57 所示的"发布"对话框。在该对话框的图纸列表中，当前图形模型和所有布局选项卡都列在其中，将不需要发布的选中右击，在弹出的菜单中选择"删除"命令，或单击"删除图纸"按钮 📄 。若要将其他图纸一起发布，则可以单击"添加图纸"

按钮 ，这样还可以将多个 DWG 文件发布到一个 DWF 文件中。

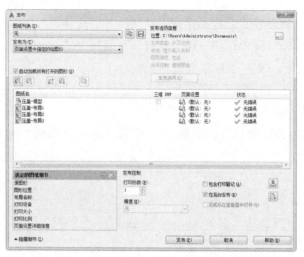

图 6-57 "发布"对话框

4）列表中的排列顺序将是发布的多页 DWF 图纸的排列顺序，若该排列顺序不是要打印的顺序，则可以选中某个布局，单击"上移图纸"按钮 和"下移图纸"按钮 进行调整。

5）单击"发布选项"按钮 ![发布选项(O)...]，弹出"DWF 发布选项"对话框，如图 6-58 所示，在该对话框中可以设置 DWF 文件的默认位置及选项。设置完成后，单击"确定"按钮，返回到"发布"对话框。

图 6-58 "DWF 发布选项"对话框

6）单击"发布"按钮 ![发布(P)] 将图纸发布到文件。此时，弹出"发布-保存图纸列表"对话框，如图 6-59 所示。

7) 单击"是"按钮，弹出如图 6-60 所示的"输出-更改未保存"对话框。

图 6-59 "发布-保存图纸列表"对话框

图 6-60 "输出-更改未保存"对话框

8) 单击"关闭"按钮，弹出如图 6-61 所示的"打印-正在处理后台作业"对话框，单击"关闭"按钮，此时会将图形打印到 DWF 文件。单击如图 6-62 所示状态栏的 🖶 按钮，可查看打印和发布信息，如图 6-63 所示。

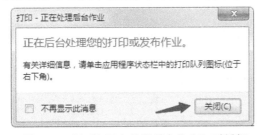

图 6-61 "打印-正在处理后台作业"对话框

图 6-62 可以打印/发布详细信息报告

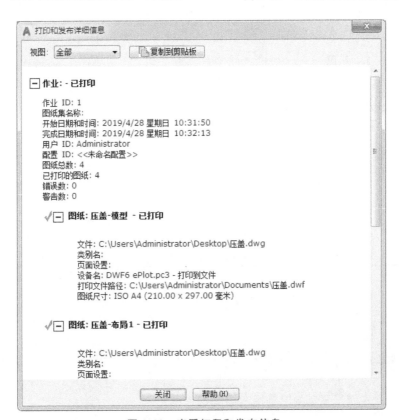

图 6-63 查看打印和发布信息

239

任务6.5 练 习 题

1. 如何输出 .jpg 格式文件？如何将图纸用 PDF 格式输出？

2. 设置合适的打印参数，将图 6-64 所示的主动齿轮轴在模型空间中按照 1∶1 的比例打印输出。

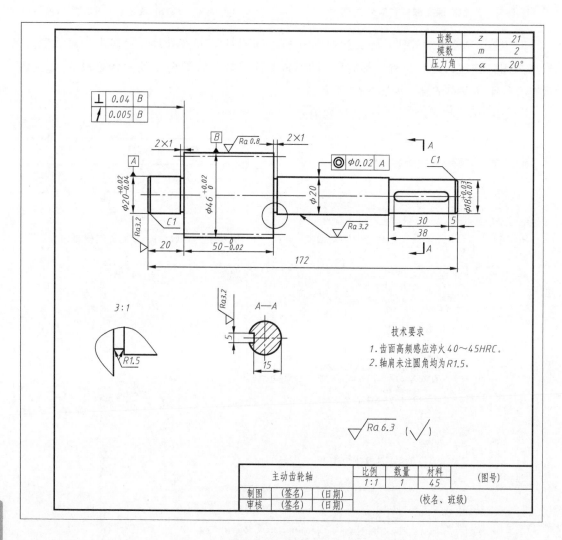

图 6-64 主动齿轮轴

3. 要求创建 A2（横放）图幅的布局，在同一张图纸上利用图纸空间打印图 6-65 所示所有视图。

4. 根据图 6-66 所示泵座的三维图输出其工程图。

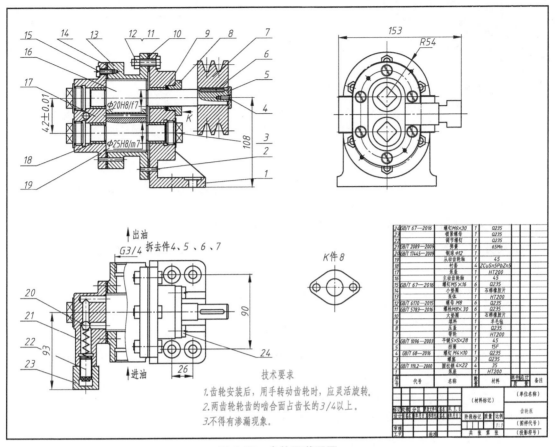

图 6-65 齿轮泵装配图

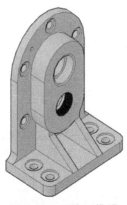

图 6-66 泵座三维图

附　录

附录 A　AutoCAD 绘图常见问题及解决方法

1. CAD 底部状态栏不见了，怎么办？

解决方法：命令行输入"statusbar"，按<Enter>键或<Space>键，设置 statusbar 的新值为"1"即可。

2. CAD 导航栏和 viewcube 不见了，怎么办？

解决方法：

1）命令行输入"navvcube"，按<Enter>键或<Space>键，选择"开"，即开启 viewcube。

2）命令行输入"navvcube"，按<Enter>键或<Space>键，设置值为"1"，即可开启导航栏。

3. CAD 下方的命令行窗口忽然不见了，怎么调出来？

解决方法：快捷键<Ctrl+9>，即可重新调出与关闭。

4. AutoCAD 尺寸标注出现黄色感叹号，怎么办？

解决方法：命令行输入"ANNOMOITOR"，按<Enter>键或<Space>键，输入"0"，按<Enter>键或<Space>键即可解决。

5. 鼠标中键不好用。正常情况下，CAD 的滚轮可用来放大和缩小，还有平移（按住），但有的时候，按住滚轮时，不是平移，而是弹出一个菜单。

解决方法：命令行输入"MBUTTONPAN"，按<Enter>键或<Space>键，输入"1"，按<Enter>键或<Space>键即可解决。

6. CAD 中选择对象时，选中图元后不显示夹点。

解决方法：命令行输入"GRIPS"，按<Enter>键或<Space>键，将"GRIPS"新值设置为"1"即可显示夹点，"0"则不显示。

7. CAD 工具栏的工具条拖不动？

解决方法：命令行输入"LOCKUI"，按<Enter>键或<Space>键，再输入"0"即可解决。

8. 数据输入不成功时如何处理？

解决方法：将输入法切换成英文状态。数据输入不成功的原因主要是输入方法问题，CAD 数据一般要用英文输入法输入。

9. 工程图形中的圆不圆了如何处理？

解决方法：命令行输入"re"，按<Enter>键或<Space>键，图形重新生成。众所周知，圆是由很多折线组合而成的。

10. 绘制操作过程中，所画图形找不到了。

解决方法：出现这种情况可能的原因是用户对空白区进行了放大的误操作。在命令行窗口中输入"Z"，按<Enter>键或<Space>键，再输入"A"，按<Enter>键或<Space>键，即可重新显示全部图形；或者双击鼠标中键。

11. 绘图时中心线、虚线等非连续线型并没有显示出点画线线条和虚线线条，而是显示成连续线型。

解决方法：修改线型比例因子，可调整非连续线段的长短，以正确显示中心线或虚线等。

1）修改个别非连续线型的比例因子：选取图线对象右击，在弹出的快捷菜单中选择"对象特性"命令，在弹出的"特性"对话框中，修改该图线的当前线型比例值（注意：是局部，默认值为1），即可修改所选对象的线型比例，不会影响其他图线。

2）修改全图中非连续线型的比例因子：在命令行窗口输入"LTSCALE"全局线型比例因子命令，按<Enter>键或<Space>键后输入新的线型比例因子。若点画线太密，则增大线型比例因子（>1），否则缩小线型比例因子（<1）。

12. 图案填充不成功，总是出现"未找到有效的图案填充边界"的提示。

解决方法：先用"延伸"命令使轮廓封闭，再重新进行图案填充操作。

在进行图案填充时，以"拾取点"方式确定填充边界，若系统出现"未找到有效的图案填充边界"提示，则说明图案填充的边界还没有封闭，图案无法填充。

13. 填充图案花白一片，或填充图案不显示。

解决方法：双击图案，调出"图案填充"对话框，重新修改比例，增大至适当值即可。若填充后不显示填充图案，则说明图案的比例太大，调出"图案填充"对话框，修改比例至适当小的值即可。

图案填充操作完成后，图案显示为近似实心或花白一片，说明所填充的图案比例太小（即图案图线的间隙太小）。

14. 使用"矩形"命令绘制矩形时，出现全黑轮廓。

解决方法：双击矩形边界处，选择"宽度（W）"选项，设置所有线段的新宽度即可，如粗实线0.5，细实线0.25。矩形出现全黑轮廓可能的原因是矩形的线宽过大。

15. 打开旧图时，遇到异常错误而中断退出怎么办？

解决方法：新建一个图形文件，将旧图以图块的形式插入即可。

16. 写文字时出现奇怪的"???"或"□□□"符号。若仿宋字体作为"汉字"文字样式，在用"%%c"写"φ"时，则会变成奇怪的"□"或"?"。

解决方法：写文字时要注意用对应的文字样式书写。如写汉字用装有仿宋字体的"汉字"文字样式，也可以用宋体；尺寸标注用"gbenor.shx"字体的文字样式书写。

17. 写汉字时出现的字是倒置的。

解决方法：这是因为文字样式设置中的字体选择不正确。修改汉字的文字样式，把字体形式"@仿宋-GB2312"改成"仿宋GB2312"即可，其他字体也一样，不要选择前面带"@"的字体。

附录 B　AutoCAD 常用命令和快捷键

表 B-1　绘图命令及快捷键

序　号	命　令	快　捷　键
1	直线	L
2	多线段	PL
3	圆	C
4	圆弧	A
5	矩形	REC
6	多边形	POL
7	椭圆	EL
8	图案填充	H
9	边界	BO
10	样条曲线	SPL
11	构造线	XL
12	射线	RAY
13	多线	MY
14	点	PO
15	定数等分	DIV
16	定距等分	ME
17	面域	REG
18	区域覆盖	WI
19	修订云线	REVC
20	创建内部块	B
21	创建外部块	WB
22	插入块	I

表 B-2　编辑命令及快捷键

序　号	命　令	快　捷　键
1	移动	M
2	旋转	RO
3	修剪	TR
4	删除	E
5	复制	CO
6	镜像	MI
7	圆角	F
8	倒角	CHA

（续）

序　号	命　令	快　捷　键
9	分解	X
10	拉伸	S
11	缩放	SC
12	阵列	AR
13	偏移	O
14	拉长	LEN
15	对齐	AL
16	打断	BR
17	延伸	EX
18	合并	J
19	对象裁剪	XC
20	删除重复对象	OVERKILL
21	绘图次序	DR

表 B-3　注释标注命令及快捷键

序　号	命　令	快　捷　键
1	单行文字	T
2	多行文字	MT
3	表格	TB
4	编辑文字	ED
5	线性标注	DLI
6	对齐标注	DAL
7	弧长标注	DAR
8	坐标标注	DOR
9	半径标注	DRA
10	折弯标注	DJO
11	直径标注	DDI
12	角度标注	DAN
13	连续标注	DCO
14	基线标注	DBA
15	公差标注	TOL
16	快速引线	LE
17	多重引线	MLD
18	快速标注	QDIM
19	智能标注	DIM
20	属性定义	ATT
21	字段	FIELD

表 B-4　格式工具及快捷键

序　号	命　令	快　捷　键
1	图层样式	LA
2	视觉样式	VS
3	特性匹配	MA
4	特性	PR
5	块编辑	BE
6	图案填充编辑	HE
7	点样式	PTYPE
8	文字样式	ST
9	表格样式	TS
10	标注样式	D
11	多重引线样式	MLS
12	多线样式	MLSTYLE
13	线型	LT
14	线型比例	LTS
15	线宽	LW
16	编辑多线段	PE
17	图形单位	UN

表 B-5　捕捉工具及快捷键

序　号	命　令	快　捷　键
1	草图设置	DS
2	临时追踪点	TT
3	捕捉自	FROM
4	端点	END
5	中点	MID
6	交点	INT
7	延伸	EXT
8	切点	TAN
9	垂直	PER
10	最近点	NEA
11	象限点	QUA
12	节点	NOD

表 B-6　其他工具及快捷键

序　号	命　令	快　捷　键
1	重生成	RE
2	全部缩放	Z/E

（续）

序　号	命　令	快捷键
3	保存	Ctrl+S
4	打印	Ctrl+P
5	后退	Ctrl+Z
6	前进	Ctrl+Y
7	复制	Ctrl+C
8	带基点复制	Ctrl+Shift+C
9	剪切	Ctrl+X
10	粘贴	Ctrl+V
11	粘贴为块	Ctrl+Shift+V
12	删除	DEL
13	全选	Ctrl+A
14	选项设置	OP
15	计算	CAL
16	加载程序	AP
17	清除项目	PU
18	创建视口	MV
19	重命令	REN

表 B-7　常用功能及快捷键

序　号	命　令	快　捷　键
1	全屏	Ctrl+0
2	特性	Ctrl+1
3	设计中心	Ctrl+2
4	工具选项板	Ctrl+3
5	图纸集管理器	Ctrl+4
6	快速计算器	Ctrl+8
7	命令行开关	Ctrl+9
8	帮助文档	F1
9	三维对象捕捉	F4
10	切换等轴测视图	F5
11	栅格开关	F7
12	正交	F8
13	极轴追踪开关	F10
14	对象捕捉追踪开关	F11
15	动态输入开关	F12

表 B-8　三维建模命令及快捷键

序　号	命　令	快捷键
1	拉伸	EXT
2	放样	LOFT
3	旋转	REV
4	扫掠	SWEEP
5	面域	REG
6	并集	UNI
7	差集	SU
8	交集	IN
9	剖切	SL
10	加厚	TH
11	提取边	XEDGES
12	压印	IMPRINT
13	实体编辑	SOLIDEDIT
14	多段体	PSOLID
15	按住并拖动	PRESSPULL
16	三维镜像	3DMIRROR
17	三维对齐	3DALIGN
18	三维移动	3DMOVE
19	三维旋转	3DROTATE
20	三维缩放	3DSCALE

表 B-9　查询工具及快捷键

序　号	命　令	快捷键
1	快速测量	MEA
2	距离测量	DI
3	面积测量	AA
4	坐标查询	ID
5	图形数据	LI
6	快速选择	QSELECT
7	过滤选择	FI
8	查找替换	FIND

参 考 文 献

［1］ 吴卓，王建勇，张兰英，等. AutoCAD2014 机械制图 ［M］. 北京：机械工业出版社，2015.

［2］ 刘兆平，叶智彪，王晓伟，等. AutoCAD2010 实用教程 ［M］. 北京：人民邮电出版社，2013.

［3］ 赵彩虹，刘洋. AutoCAD2014 应用教程 ［M］. 上海：上海交通大学出版社，2017.

［4］ 崔晓利，王保丽，贾立红. 中文版 AutoCAD 工程制图 ［M］. 北京：清华大学出版社，2017.

［5］ 彭晓兰. 机械制图 ［M］. 2 版. 北京：高等教育出版社，2018.

［6］ 石彩花，苗现华. AutoCAD2016 中文版案例教程 ［M］. 北京：北京理工大学出版社，2017.

［7］ 邓堃，薛焱. 中文版 AutoCAD2018 基础教程 ［M］. 北京：清华大学出版社，2018.

［8］ 钟佩思，李雅萍. AutoCAD2014 快速入门与实例详解 ［M］. 北京：电子工业出版社，2014.